U0157863

轻松做
150道
破壁机创意美食

西镇一婶◉著

青岛出版集团 | 青岛出版社

图书在版编目（CIP）数据

轻松做150道破壁机创意美食 / 西镇一婶著 . — 青岛：青岛出版社，2021.10

ISBN 978-7-5552-2804-2

Ⅰ. ①轻… Ⅱ. ①西… Ⅲ. ①食谱-中国 Ⅳ. ① TS972.182

中国版本图书馆 CIP 数据核字（2021）第 192077 号

书　　名　**轻松做150道破壁机创意美食**
QINGSONG ZUO 150 DAO POBIJI CHUANGYI MEISHI

著　　者　西镇一婶
出版发行　青岛出版社
社　　址　青岛市海尔路182号（266061）
本社网址　http://www.qdpub.com
邮购电话　0532-68068091
策划编辑　周鸿媛
责任编辑　肖　雷
封面设计　张　骏
装帧设计　毕晓郁　叶德永
制　　版　青岛乐道视觉创意设计有限公司
印　　刷　青岛嘉宝印刷包装有限公司
出版日期　2021年10月第1版　2024年4月第4次印刷
开　　本　16开（710毫米 × 1010毫米）
印　　张　21.25
字　　数　369千
图　　数　1399幅
书　　号　ISBN 978-7-5552-2804-2
定　　价　68.00元

编校印装质量、盗版监督服务电话　4006532017　0532-68068050
建议陈列类别：生活类　美食类

破壁机，算是我家厨房里的老朋友了。如果把我正在用的那台迷你破壁机也算上，应该是我在这七年当中“宠幸”过的第九台破壁机了。从接触最早的纯机械操作的非加热型破壁机，到使用开始占领市场主流的加热型破壁机，再到今天尝试使用很受年轻人喜欢的“网红”迷你破壁机，我也算是以使用者的身份，经历了这些年来破壁机的蜕变与升级吧。

破壁机，算是一个舶来品，源自欧美，价格不菲。在欧美国家，破壁机原先的名字应该叫“食品搅拌机”，主要用来搅打新鲜果蔬汁，对禽畜肉、鱼等食物进行预处理加工。进入咱们国内以后，这种食物料理机就被养生意识浓厚的国人冠以了“破壁”二字，也让这款机器带上了“养生机”的光环。研究人员后来又研发出了具有煮豆浆、炖养生煲等功能的加热型破壁机。

“破壁”二字其实一点都不难懂，就是打破细胞壁的意思。我们用牙齿咀嚼水果，吃到里面的汁水，这个过程就是打破细胞壁。而用破壁机将动物的肉和骨头打碎，这应该叫打破细胞膜，只不过和机器“破壁”指的都是一个意思，就是利用高速的搅打、切割，让食物细胞里的物质出来，使食物口感变得更为细腻，甚至实现粉碎的效果。

搞明白破壁机的原理之后，是不是就觉得不那么神秘了。既然我们用牙齿也可以“破壁”，那为什么还要用这个机器呢？当然是为了节省消化食物的时间，还有制作美食时更加方便呀！像

那些肠胃功能不太好的人，比如老人、儿童或是病人，食用破壁机做的食物就可以减少消化食物时肠胃的负担。而对健康的人来说，一台破壁机所发挥的作用，更多是在制作各种美食时体现的。

作为一台有着超高转速的食品搅拌机（有的还带着加热功能），破壁机确实很有用。它可以将我们从之前需要花费很多人力和时间才能完成的烦琐工作中解放出来，灵活应用在一日三餐甚至是零食的制作当中。如果有人和你“吐槽”破壁机太“鸡肋”，只能打打豆浆什么的，我百分之百确定那是他们没用对。就像我写那本《轻松做150道空气炸锅创意美食》之前，也有很多人“吐槽”空气炸锅买了就是放在家里“吃灰”呀。买了那本书后，就算每天只做书里的一道炸锅美食，都得花上半年时间才能做完书里的美食。所以，面对这些对破壁机的种种误解，我必须要把这本破壁机美食书写出来，为它正名。

身为一个使用破壁机的“老江湖”，这几年我用它们做的美食实在太多了。在这本书里，我尝试着将破壁机的各种潜能都挖掘出来。不管是在瘦身果蔬汁还是一日三餐的主食制作中，还是在五谷粉、酱料、零食的制作中，你都能看到破壁机不可或缺的身影。但是，这么一本薄薄的书，根本无法承载破壁机美食王国的所有精华，所以我只能删了又删，最终留下这150道比较有代表性的食谱。希望大家在读完这本破壁机美食书之后可以举一反三，用你们自己的机器玩转各种有趣的、好吃的破壁机美食，不辜负大自然赋予我们的美好食材。

西镇一婶

2021年6月

第一篇
我想有台破壁机

第二篇
新鲜健康
补充维生素
冷饮、果蔬汁

带有 标志的菜品附赠精彩视频，扫描菜品大图上的二维码即可畅享美食视听盛宴

第三篇

五谷杂粮

营养全面

汤、粥、浆

第四篇

粉碎研磨 厨房帮手 磨粉、酱料

第五篇
有荤有素
粗细搭配
主食、菜肴

附录

一、关于破壁机你不能不知道的秘密

二、破壁机都能做什么？

三、破壁机的使用技巧

四、破壁机的保养常识

五、使用破壁机会遇到的一些问题

一、关于破壁机你不能不知道的秘密

破壁机属于舶来品，在它的发源地——欧美国家也被称为“食品搅拌机”。进入我们国内后，它就被冠以“破壁”之名。它是集榨汁、做豆浆、做米糊、做粉、做绞肉、做冰沙等多种功能于一身的厨房小家电。在料理美食的过程中，可最大限度地保留食物的膳食纤维和维生素等营养物质，让材料变得十分细腻，使营养易于吸收。

“破壁”二字，原来指的是通过刀片高速的旋转、切割，机器将果蔬的细胞壁打破，使食材细胞充分释放出维生素、矿物质、蛋白质、水分等营养物质。其实不管是蔬菜、水果还是肉类、五谷，破壁机都可以轻松料理。它可以将食物研磨、搅拌得更加细腻。经过破壁机处理后的食物，也更易于消化。这是因为破壁机分担了牙齿和肠胃平滑肌的一部分工作，使人体的消化系统可以更好地运作，有助于吸收营养与改善便秘。

最初的破壁机只有高速搅拌功能。这几年，可以加热的破壁机开始成为破壁机市场的主流产品。将食材放入破壁机杯内后一键启动，破壁机可在搅拌过程中加热，制作可直接入口的豆浆、米糊、浓汤、养生煲等日常热饮。

因为破壁机在普通家庭的日常饮食中使用范围比较广泛，所以研发者们根据消费者的不同需求，又将破壁机的机型进一步升级。在制造出体型和噪音都比较大的机器的基础上，又陆续研发出了降噪、迷你、可自动清洗等多种破壁机机型，以满足用户的不同需求。

1. 破壁机的主机

右图展示的是破壁机的主体部分，包含了电机、齿轮组件、离合器、减震组件等核心配件。带加热功能的破壁机内，还设有发热元件及电子智能控温芯片等。

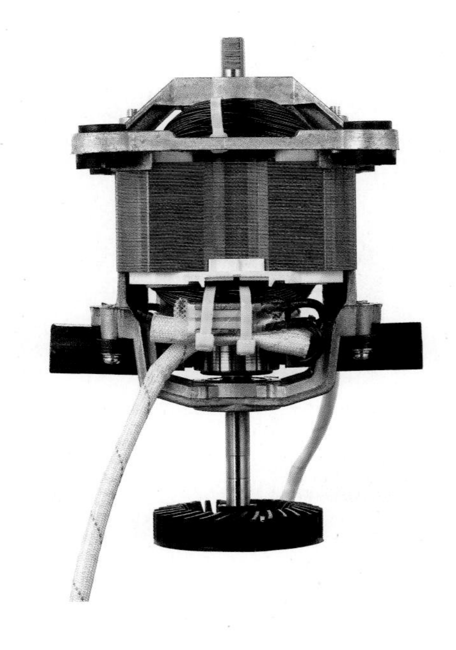

比较好的破壁机，多采用高标准的优质进口控制芯片。机器会感应遇到的阻力，判断食物的硬度，自动调整输出功率，对不同食物使用不同的速度进行搅打，从而达到最理想的处理效果。这种对转速的控制，是为了更好地处理食物，也是为了减少噪音，保护使用者的听力。比较高端的加热型破壁机，还会根据制作不同料理的需求，对温度进行精确控制。这样的机器无论在使用寿命、料理不同食物的转速，还是加热稳定性及安全性等方面，都更有保证。

传统破壁机主机的搅拌功率一般在 750 ~ 1800 瓦之间，加热功率则多在 800 ~ 1200 瓦之间。搅拌功率低于 750 瓦的破壁机，确切地说应该叫高速搅拌机。虽然破壁机搅拌功率越大，动力就越足，但产生的噪音也就越大。比较好的机器会通过增加底座的稳定性减少震动，使用优质轴承、静音电机减少噪音来源，有的也会采用双层杯体来隔绝噪音。家用破壁机建议选择搅拌功率在 1200 ~ 1500 瓦之间的。这样的机器基本就可以很好地搅打食物了，做出的成品的细腻程度也不错。

2. 破壁机的杯体

普通破壁机一般分为主机和杯体两部分，使用时将杯体放置到主机的齿轮衔接口上即可工作。非加热型破壁机一般只有一个杯体，而加热型破壁机根据品牌和机型的不同，会配有多个杯体。高端加热型破壁机的杯体可细分为冷饮“真空杯”、热饮杯、研磨杯等多种杯体，可实现将不同食物分杯料理的效果，更专业，更卫生。

真空果蔬杯

普通破壁机的杯体，都由杯身和杯盖这两部位组成。非加热型破壁机的杯身，多采用不含 BPA（一种化合物）的共聚酯材料或聚碳酸酯材料制成。高端机型的杯身多采用共聚酯材料。这种材料为很多国家的婴儿用品指定材料，具有健康环保、耐热性强、长期使用不会分解出有害物质的特点。它还有很强的抗酸能力。因为很多水果里面都是含有酸性物质的，所以这点就很重要。用聚碳酸酯材料做成的杯体，长期搅打，遇水生热后易分解出 BPA 成分。人体长期摄入此成分会对生殖系统造成不良影响。所以大家购买非加热型破壁机时，尽量先看一下杯身的材料再定。

热饮杯

加热型破壁机的杯体，则多采用高硼硅玻璃（硼硅酸盐玻璃的俗称）制成。此材料，在刀片搅打的高速冲击下不易破碎，并且耐老化，使用寿命长，特别是在长时间的高温烹煮下也不会释放有害物质。所以市面上的加热型破壁机的杯身，多数都是用这种高硼硅玻璃制造的。

不锈钢研磨杯

除了上面提到的塑料杯和玻璃杯外，有些破壁机还配有不锈钢材料的研磨杯。不锈钢杯耐磨性和硬度要比以上两种杯更好，所以多在研磨比较硬的食材时使用。食材不易给杯身留下划伤痕迹，杯身也不易磨损、分解。但不锈钢杯体的缺点是搅打同样的食材时噪音比较大，并且容易导致食物变色，所以多用于研磨粉末及酱料。像果蔬这类新鲜食材，还是用上面那两种杯料理更合适。

与种类较多的杯身相比，破壁机的杯盖就大同小异了。但随着“真空”果汁杯的出现，有抽空气功能的杯盖也就出现了。“真空”果汁杯是某些高端破壁机品牌另外配备的，杯身也多使用高硼硅玻璃材料，多用于制作新鲜的果蔬汁。“真空杯”的杯盖内可安装电池，打果蔬汁之前按下杯盖上的“抽真空键”，即可将杯内的空气抽出，这样搅打果汁时可有效防止果汁变色，保留其营养。最明显的区别是，做一杯苹果汁，用普通破壁机做的，颜色会呈棕色。这是因为苹果汁被氧化了。“真空”果汁杯则能够更好地保留苹果汁原来的颜色。

除以上常见配件外，有的破壁机为了降低机器的工作噪音还推出了配套的降噪密封隔音罩。使用原理就是将隔音罩安装在主机底座上，工作时将隔音罩合上以隔绝杯体与底座产生的工作噪音，实现降噪效果。

以上提到的破壁机杯体和配件，大家可根据自己的需求灵活选购。

3. 破壁机的刀片

目前市面上的破壁机刀片大致可分为国产的和进口的两种，刀片材料最差也得是 304 不锈钢。高端一些的破壁机则多采用合金刀片，硬度更高也更耐用一些。

细心的人会发现，不同品牌破壁机的刀片数量甚至是刀片形状都不太一样。就算是同一台破壁机，在它配套的不同杯体里的刀片数和刀片形状也有区别。这是因为在处理不同的食物时，我们要用不同的刀片数量和刀片形状才能达到最佳效果。破壁机的刀片按形状分类，大致分为利刀、锯齿刀、钝刀三种。

钝刀一般用来切割冰糖等比较坚硬的食材。锯齿刀，则适合用来对付较软的肉类食材。而利刀，多是用来做果蔬汁的。不同的刀片形状和刀片数量用处都不一样，对应的转速也不同，大家根据自己要做的食材来选择合适的刀片即可。

破壁机比较常见的刀片数是 4、6 和 8。很多人会觉得刀片数越多搅打出来的食物越细腻。其实不然，这是因为在同样功率下，刀片越少的刀头在搅打食物时受到的阻力也就越小，转速也就相对更快一些。目前市面上的高价破壁机还是使用较多的刀片。

如果你的破壁机只有一个杯体，基本就是以 4 刀或者 6 刀的锯齿刀为主了。这个刀片组合在料理各种各样的食物时也更均衡一些。如果你的破壁机是可以配不同杯体的，那么就可能看到研磨杯里是配了 2 刀或 4 刀的钝刀，热饮杯里反而是 8 刀的锯齿刀等等。无论是哪种组合的刀片数和刀片形状，都是以能最优化地处理不同食材为目标的。

4. 破壁机的控制面板

这部分是用来操作机器工作的，大致可分为机械面板和电子面板两大类。非加热型的破壁机多用机械面板，带有按键或者旋钮等。有的还可以通过旋钮来控制机器的转速等等。加热型破壁机则多使用电子按键或触屏，可选择不同模式。以右图这款加热型机器为例，面板上带有时间和挡位选择，还有果蔬、豆浆、浓汤、熬粥、米糊、玉米汁、冰沙、养生煲、点动、加热、预约、开始 / 停止等按键，按下相应的按键即可工作。

5. 迷你破壁机

除了普通破壁机，现在很流行的迷你破壁机在这里也详细介绍一下。它和需要组合使用的普通破壁机不同，杯体与主机是一体的、不可拆分的，个头也比较小，方便外出携带。

破壁机自问世以来，都有着体型较大、分量较重的特点，杯体容量也多在 1200 毫升以上。这让很多单身用户或者是平时制作量不大的使用者觉得不太方便。迷你破壁机，就是为适应这些人的需求而出现的。它的功率虽然不如普通破壁机那么高（多在 750 瓦以下），但胜在体型较小、分量轻，噪音也比较低，方便携带。它的杯体容量多在 300 ~ 600 毫升之间，一次做出来的食品分量更适合 1 ~ 2 人食用。用来制作宝宝辅食的各种米糊、果泥也更为方便。

但和普通破壁机相比，迷你破壁机因为功率较低，转速也慢了很多，所以搅打好的食材的细腻度要逊色于普通破壁机搅打的，而且迷你破壁机能处理的食材也要比普通破壁机更少。用迷你破壁机制作豆浆、米糊、果蔬汁、辅食，还有烹煮花茶、养生煲都是可以的。但如果想磨粉或者搅打坚果酱甚至是搅打冰糖、冰块这些比较硬的食物时，还是建议使用普通破壁机来制作，以免损伤迷你破壁机的刀片。

二、破壁机都能做什么？

1. 制作新鲜果蔬汁

水果和蔬菜含有丰富的营养，经过巧妙的组合搭配后，对身体的各种亚健康状态具有调节和改善作用。我们用破壁机能更方便地处理这些果蔬材料。经过高速搅打后的原汁原味、口感细腻的果蔬饮品，也更易于身体的吸收、利用。如果你是果蔬汁的深度爱好者，还可以选择带有抽空气功能的果汁杯一起使用。这样打出来的果蔬汁不易氧化，可以更好地保存营养物质。

制作新鲜果蔬汁

2. 制作汤、粥、浆

对非加热型破壁机来说，可以进行豆浆、米糊、浓汤等热饮的预处理，就是将所有食材加水打至细腻的状态后，再用锅煮熟。也可以将煮熟的材料放入破壁机内打成细腻的饮品。而加热型破壁机，就可以一步到位，直接制作各种热饮了。将材料放入破壁机杯中加入适量清水，启动相应的模式，等待程序完成。像热饮中的豆浆、米糊、米粥、玉米汁、浓汤、药膳、花茶水、养生煲等等，都可以使用破壁机制作完成。

制作浓汤

烹煮杂粮粥、米糊

制作豆浆

制作花茶水

3. 研磨粉末，制作酱料、膏体

破壁机的超高转速，还可以帮助我们进行固体食物的研磨工作。比如我们日常使用的荞麦粉、黑米粉、黄豆粉、糖粉等，都可以通过将相应的食材放进去，打成细腻的粉末而获得。还有很多调味料，如花椒粉、孜然粉、椒盐粉、自制味精，也是通过配好食材后，用破壁机搅打成粉的。像花生酱、芝麻酱、果酱，还有秋梨膏、桂圆膏，也可以用破壁机制作，大大节省了手工制作的时间，降低了难度。减肥人士喜欢的营养五谷代餐粉，也可以用破壁机来帮忙制作。还有一些中药材，像阿胶、茯苓、葛根等等，都可以用破壁机研磨成粉。在搅打比较坚硬的食材时，还是建议用耐磨、不怕刮花的不锈钢杯体，刀片也尽量选择钝刀。

搅打五谷粉　　制作酱料　　制作新鲜调味料

4. 加工主食、菜肴等

破壁机的搅打和研磨功能，让它能够在一日三餐的制作中大显身手。比如可以用破壁机打出的杂粮粉制作粗粮窝窝头、馒头等。用绞肉功能辅助做出各种肉丸、馅儿、香肠等等。还可以直接用破壁机的搅拌功能搅拌制作松饼、蔬菜饼等的面糊，省去了购买料理棒的花费。用破壁机做一日三餐，只有想不到，没有做不到。

制作肉馅儿　　制作海鲜丸子　　制作鱼肉肠　　制作鸡肉丸子

5. 辅助制作烘焙食品、零食

喜欢玩烘焙，研究各种零食的读者，也可以挖掘出破壁机的新用法。像小朋友们爱吃的糖果、冰激凌，还有烘焙里的蛋糕、面包、布丁等的制作中，都少不了破壁机的身影。像制作蛋糕糊、松饼糊，可以直接将所有材料倒进破壁机里就可以搅拌好了。爱研究街头小吃和中式糕点的人，更可免去那些烦琐又费力的预加工过程，直接用破壁机完成食材的处理工作，让手工做美食不再有难度，降低制作门槛。

制作冰沙

6. 满足特殊的饮食需求

很多人因为身体条件的限制，需要吃流质食物或者是细腻的食品。这时候，强大的破壁机就可以派上用场了。我们将食材烹饪好以后，将其高速搅打成细腻的汤汁、糊糊，不但可保留食物的更多营养，还可以将原本比较硬的鱼骨、排骨等，打成细腻的食物，方便食用。它们也可以被身体更好地吸收、利用。

7. 制作面膜等其他用途

除了制作可入口的食物外，破壁机的高速搅打功能也可以用来制作其他物品，灵活使用。以自制面膜为例，可以将绿茶用破壁机打成绿茶粉后与适量的蜂蜜拌匀成糊糊，敷在脸上当作去角质的面膜使用。还有黄瓜绿豆面膜等蔬果面膜，也是使用类似的做法。强大的搅拌、切碎功能，可以让破壁机成为我们生活中的得力小助手。

三、破壁机的使用技巧

1. 遇到机器空转怎么办?

很多人在制作果蔬汁的时候因为想喝纯的，就不放水，但是启动机器后却发现底下的刀片一直在空转，果蔬没有随着刀片的转动而打成汁。这是因为有些果蔬的含水量较小，直接搅打它们，没有足够的汁水让底部的刀片带着食材转动起来，就产生了刀片空转现象。解决的办法就是尽量将含水量多的果蔬放到最底下，含水量少的果蔬放到上面。比如我们要制作圣女果胡萝卜汁，如果你把胡萝卜放到最底下了，不加水就打不成汁。但如果把圣女果放到最底下，一滴水不加也可以打成果蔬汁。如果使用这个办法仍然打不出来果蔬汁，就适当加点纯净水进去，但不要加太多，只要能让刀片把食材带动着转起来就可以了。

2. 灵活使用搅拌棒

有些破壁机会配有一根搅拌棒，方便我们搅打食物时往下按压食材。我们在制作果蔬汁时比较少用到这根搅拌棒，但制作酱料、绞肉或者冰沙、磨粉这类料理时就要用到了。因为材料在搅打过程中容易往杯体的四边聚拢，我们就需要用搅拌棒不停地将食物往中间位置聚拢，好让它们被中间位置的刀片打到。有些品牌的破壁机还配有小一些的不锈钢研磨杯，只要放入足够多的食材，比如大米、小米、花生等，不用搅拌棒也可以将食材打成粉、酱。但如果是只配有一个杯体的破壁机，那在磨粉和打酱料时，最好灵活地使用搅拌棒。

3. 不要长时间高速搅打

机器转速高的好处就是可以把东西打得细碎、口感细腻，让原本比较粗的东西容易入口，但它也有缺点。我们不能长时间地高速搅打，特别是处理本身就很坚硬的食材时，时间要更短一些，因为机器在超高转速下很容易发热。用破壁机长时间高速搅打一杯清水后，你会发现水居然变热了。在破壁机的程序设计中，连续高速搅打时间一般都不会超过 4 分钟，这是因为不间断高速搅打会让机器发烫甚至会烧坏电机。

家庭使用的破壁机，打果蔬汁基本在 2 分钟内就可以搞定。如果是用带加热功能的豆浆、米糊、玉米汁等模式，机器的连续搅打时间也不会超过3分钟，这都是为了保护电机。日常操作中，最容易让机器发热的就是打花生酱、芝麻酱，还有磨粉等。为了使成品达到细腻的口感，我们常常需要长时间搅打，那就使机器工作两三分钟就暂停，让它散散热，然后再进行搅打，这样也可以延长机器的使用寿命。如果你是需要经常打粉、酱进行销售的商家，因为家常破壁机很难承受短时间内这么大批量制作的强度，特别是打制一些硬度很高又有韧性的中药材，就更困难了，那么你就不如选择专业的研磨机了。

4. 如何让破壁机不煳底？

在使用加热型破壁机时，一些小伙伴会遇到加热底盘煳了的现象。导致这种现象的原因有 3 种。第一是机器本身的问题，温度一高，就容易煳底。这是比较早期的加热型破壁机常见的问题。现在的破壁机经过一代代的改良，加热功率已经比较稳定了。第二个原因就是使用不当。如果你直接用破壁机去加热已经煮好的米粥、牛奶这些富含淀粉和蛋白质的食品，那肯定是要煳底的。这个问题可以参考我们用锅煮此类食物，如果不勤加搅拌，也会让锅底部煳上一层，所以要选择正确的模式制作正确的饮品。比如我们用加热型破壁机制作大米糊，就必须选择米糊模式而不能使用养生煲模式。这是因为使用米糊模式，机器在熬煮阶段会每隔几秒钟就低速搅拌一下，防止米粒沉底。如果使用不带搅拌功能的养生煲模式来煮，最终就会发现米粒都粘在加热底盘上，煳了。如果你的机器和选择的模式、饮品都没有问题，最终还是煳底了，那可能就是第三个原因导致的——你制作的食品太浓稠了。还是以大米糊为例，如果放太多的米却只用了很少的水，那做出来的米糊太厚了，肯定也会煳底。

不过，有一些破壁机已经改为陶瓷不粘底了，可以尽量避免煳底，就算煳了也是很好清理的。

四、破壁机的保养常识

1. 使用后及时清洗

在破壁机杯中装入适量的清水，开机 15 秒左右即可清洗掉破壁机内的食物残渣。如果遇到比较顽固的油渍、污渍，也可以加入少许洗涤剂，用机器配的刷子来清洗。除了杯体内侧，像刀片、盖子内部等等，都要注意清理干净。特别是在搅打类似杧果、芹菜、猪肉、牛肉等含有大量纤维的食物后，要将缠绕的纤维条慢慢抽出再进行清理。对酱料、豆浆、米糊这类有黏性的食物的残渣，要避免久置后痕迹干涸，这样会增加清洗难度，所以需要养成随用随洗的习惯。

2. 清洗后及时烘干

破壁机的杯体在清理干净以后，我们可以用干布擦拭一下，然后放到干燥处让它自然风干。如果需要消毒杀菌，那么就可以使用机器将杯体烘干或者是加热 1 分钟左右，将杯体内部的水烘干。这里要注意，有的杯体内部有棱状或凸起线设计，这些棱和凸起线旁边的缝隙也都要清理干净，以防有食物残渣残留。

3. 及时检查

不使用时要切断电源，并检查排风口位置是否有灰尘堆积。如果灰尘较多，会影响机器的散热功能。

日常检查的时候，也需要查看刀头的连接处是否松动了。如果松动了，要及时调节或联系售后处理。

4. 生熟料理尽量分开

如果你的破壁机是有替换杯的，那么会更加方便一些。这样在制作果蔬汁、豆浆、米糊等食材和处理绞肉时就可以完全分开，防止串味，也更卫生。如果只有一个杯，那就在处理完生食后彻底清洗、消毒，之后再用来处理直接入口的食物等。

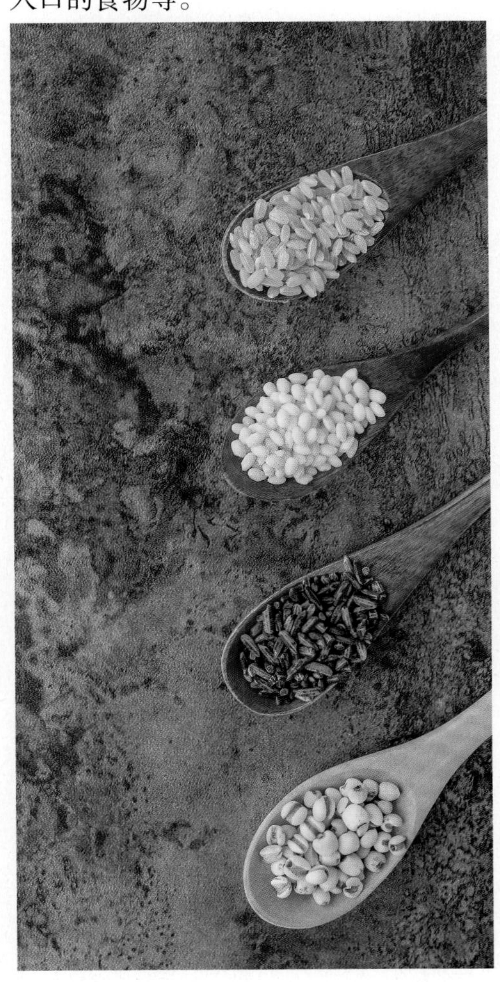

五、使用破壁机会遇到的一些问题

1. 用破壁机做果蔬汁加不加水？

回答这个问题前先来看一下常见果蔬的含水的比例。常见蔬菜里冬瓜算是含水冠军，含水比例是97%；其次是黄瓜，96%；再接下来是番茄、生菜、芹菜，94% ~ 95%。西瓜含水比例为93%，在常见水果中算比较高的了；其次是葡萄柚91%；草莓，也是91%；之后是哈密瓜，91%；还有桃子，89%；往后依次是菠萝88%、橘子87%、苹果86%。用这些含水比例比较高的果蔬打汁时，我们可以不加水或者加一点水就能打出来很多的果汁。当然用含水比例不高的果蔬做果蔬汁，也不是就要加很多水，我们可以通过将其与含水量高的果蔬进行搭配做出汁。

2. 打好的果蔬汁和热饮表面泡沫多怎么办？

破壁机的转速很快，搅打过程中汁水裹入了空气就会产生大量的泡沫，所以饮品打好以后可以稍微静置一会儿，表面的泡沫会减少些。如果着急喝，可以用过滤网过滤一下，将泡沫滤掉后口感也比较好。

3. 为什么打完的果蔬汁没多久就变色了？

很多人说打出来的果蔬汁容易变色，这是因为新鲜果蔬中含有高活性的物质，在被打成汁后就会和空气中的氧气发生作用，这样就产生了褐变反应。特别是像苹果、香蕉这些水果榨出的果汁变色速度更为惊人。我们在制作果蔬汁的时候可以挤入少量的柠檬汁，这样就能有效减缓果蔬的氧化速度。也可以用酸奶或者牛奶，代替水和果蔬一起打汁，这样蔬菜和奶类混合后黏稠度更高，不易变色。当然了，预算高的也可以直接选购具有“真空”设计的破壁机。使用“真空杯”榨汁可以把杯体内抽成“真空”，避免水果跟空气接触，自然就能防止其氧化变色，还能有效减少泡沫的出现。

4. 破壁机是不是什么都能打？

破壁机可以将大部分的干燥食材都研磨成粉，像冰糖、阿胶块、花椒粒都可以磨成粉。但你如果日常使用以打粉为主，就尽量选择使用带钝刀片的不锈钢研磨杯。这是因为钝刀更易于切割比较硬的食材，锯齿刀和利刀则比较

适合切割果蔬或者肉类这类不太硬的食材。如果长时间用后面两种刀片来打粉，容易损伤刀片。而且如果经常用打果汁或者热饮的杯子去打磨中药粉末，也会让杯中带有很大的中药味，清洗起来也麻烦。

从破壁机的杯身材料来说，塑料杯和玻璃杯的耐磨性也没有不锈钢杯好。特别是塑料杯在打过几次比较硬的食材后容易留下划花的痕迹，所以以破壁机打粉为主要目的的消费者，还是以选择带有不锈钢研磨杯的破壁机为宜。但如果是商用特别是要经常打坚硬中药材的，就还是选择专业的磨粉机器吧。

5. 用破壁机打的粉为什么结块了?

第一个原因是食材没完全干燥，内部还有水。第二个原因就是搅打时间太长了。需要打粉的食材，必须要烘干到完全没有水的状态，一旦有水就容易出现结块现象。破壁机的刀片在高速旋转时本身就会发热，如果长时间搅打，刀片就会变得很烫，遇到糖粉、糯米粉这种受热后就会变黏的食材，就算食材是干燥的了，也会使其因高温形成水汽而结块。所以磨粉时要注意两点，第一就是将食材完全烘干后再放入，刚烘干还热的食材也不能放，要等到完全放凉后再打。其次就是连续高速搅打的时间不要超过 2 分钟。中途记得敞开盖子让内部散散热，等到稍微冷却后，再继续搅打到粉变得细腻。

6. 用加热型破壁机煮热饮为什么老溢杯?

不管哪一款加热型破壁机，它的容量都是有限制的，有一个最低和最高的水位线。有的破壁机还会标出冷饮和热饮的水位线。你会发现热饮的最高水位线肯定是低于冷饮的，这是因为热饮煮到沸腾时，会有不少的气泡在顶部翻腾，如果超过热饮警戒线了，这些气泡在沸腾时就容易从杯口中溢出。

还有一种情况，烹煮的食材含有比较多的多糖。像银耳、雪燕这种食材，在加热沸腾后会产生大量的泡沫。就算加的水没超过最高水位线，有时候泡沫也会从杯盖中溢出。所以煮此类食材时不能一下子放入太多的水，多试几次就知道最多应该加多少水才不会溢出了。

7. 做米糊能不能用豆浆模式?

不能。这是因为破壁机的模式都是给相应的饮品设计的，混用肯定达不到效果。以煮豆浆和米糊为例。使用米糊模式，在初期烹煮米糊的时间里，差不多是每间隔 2 秒钟机器就会低速搅拌一次。而使用豆浆模式，搅拌的时间间隔要长一些。如果用豆浆模式来制作米糊，没有比较频繁的搅拌，细小的米粒就容易沉积在加热底盘上进而烧煳了。所以想做什么就要选择什么模式，不要混用。还有就是制作米糊、粥这些的热饮时，食材和水的比例也要把握好。食材过多、液体过少就容易煳底，但水量太多又会让饮品口感变差。掌握这个配比是熟能生巧的，用你自己的破壁机多做几次就可以了。

8. 破壁机煳底了怎么清理?

在前面的破壁机使用技巧篇章中，已经对破壁机杯体底盘烧煳的主要原因进行了分析。烧煳后的底盘，清洗起来是比较费劲的。要尽量避免烧糊。如果不小心烧糊了，我们可以用小苏打加热水先进行浸泡，等到水温降下来再用刷子清洗就简单多了，这是因为烧煳的食物残渣经过热水浸泡后就会脱离底部了。留下的深色印记，我们可以使用专门清理不锈钢的清洁膏、清洁剂或者小苏打来清理。杯子就会恢复如初。

9. 有没有比较好清理的破壁机?

目前市面上绝大部分加热型破壁机的底盘都是不锈钢的，这种底盘导热好、耐高温、耐磨，缺点就是留下污渍后难以清理，特别是煳底后的焦痕更难清理。现在已经有一些破壁机开始选用陶瓷不粘层来做杯体底盘了。这种底盘在操作不当时虽然也会煳底，但清洁工作却要比不锈钢底盘方便很多。就像使用不粘平底锅一样，轻轻一抹，上面的痕迹就干净了。只不过这种陶瓷不粘层在搅打硬物或尖锐物体时容易划花，所以目前应用的范围有限，多使用在冷饮果蔬杯或者是迷你破壁机杯上。毕竟迷你破壁机的转速都低一些，不常用来打粉或者搅打比较坚硬、锐利的食材。

10. 破壁机的功率是不是越大越好?

不太了解破壁机的人，挑选机器会以功率为重要参考标准，觉得功率越大越好。其实在保证基本功率的基础上，机器还要搭配上合适的刀片。如果刀片的质量很差，破壁机功率再大其效果也好不到哪去。而且破壁机的功率越大，产生的噪音越大。如果降噪没有处理好，机器功率大反而成了缺点。

破壁机的额定功率和输出功率，不是一个概念。电机额定功率为2000瓦但实际输出功率只有800瓦的，那实际工作功率就是800瓦。而电机额定功率是1500瓦但输出功率有1200瓦的，实际工作功率就是1200瓦。虽然前者的额定功率高，但它的工作效果却不如后者的。大家在选择破壁机时不能只看官方提供的数字参数，更要注意破壁机的每一部分，包括细节都要注意到。现在有一些品牌为了吸引消费者的眼球，会把某个参数罗列得特别厉害，但实际使用下来，感觉其效果只能说一般。

11. 便宜的破壁机和贵的破壁机有什么区别?

破壁机现在在国内已经比较普遍了，从外观上来看便宜的和贵的区别不大，但使用后就能发现还是有区别的。贵的机器使用寿命一般较长，用五六年都没问题，便宜的机器可能用一年多就不行了。其次就是贵的破壁机，电机的配置都较高，转速较快。在同样的搅打条件下，贵的机器发烫慢，使用故障率也低。便宜的就容易存在过载、过热等问题。看转速的话，便宜破壁机每分钟的空转转速实际都在30000转左右，虽然不是很快但足以满足需求；而价格高的破壁机，每分钟的转速可以达到45000转以上，打出来的食物更细腻些。

贵一点的机器比较智能化，在面对不同食物时，它会根据搅打时的实时阻力来调整搅打食物的速度，这样既可以给机器降噪也能更好地处理食物。贵的破壁机，还会通过增加底重的稳定性来减少搅打时的震动，使用优质轴承、静音电机等减少噪音，有的也会采用双层杯体或者隔音罩等来隔绝噪音等等。

在刀片的材质和刀片数、刀口形状上，不同的破壁机也有区别。便宜的破壁机最常用的就是304钢刀。这在国内还算是不错的刀片。但是价格高的破壁机，基本都是选择好的刀片，最常用的就是德国刀片。德国刀片在世界也是很出名的。比较贵的破壁机，还会根据食物的不同配备好几种杯体。每种杯体里的刀片，都会设计成最符合食物特性的数量和形状。而一般的破壁机，可能就是用固定的刀片处理所有食物了。

不管是买贵的还是便宜的破壁机，大家都需要根据自身的需求去仔细选择。最合适自己的，就是最好的。

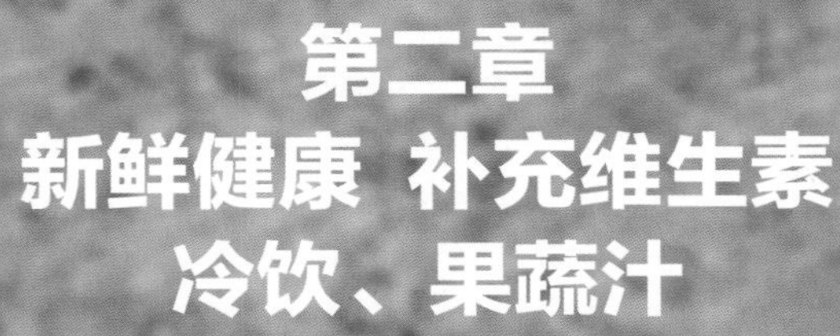

第二章
新鲜健康 补充维生素
冷饮、果蔬汁

水果和蔬菜含有丰富的营养，是天然的保健良药，经过巧妙搭配后可对人体的亚健康状态进行调节和改善。用破壁机制作组合型的果蔬饮品更为方便，成品中的营养也更易于身体的吸收、利用。

红薯苹果饮

这款红薯苹果饮，可以强身健体、舒缓压力，比较适合平时工作压力较大的女性或身体瘦弱者饮用。如果你有失眠或者记忆力变差等症状，也可以试试这款果蔬汁。

食材和时间

分量　2 杯
时间　10 分钟
材料　苹果............1 个（约 250 克）
　　　红薯............1 个（约 100 克）
　　　纯净水........................ 30 毫升
　　　装饰用香蕉片....................5 片

步骤

1. 将香蕉片贴在杯子内壁上，装饰好。
2. 红薯提前蒸熟，去皮。苹果洗干净，切块。将两者倒入破壁机中，加入纯净水。选择果蔬模式搅打两分钟。
3. 打好的红薯苹果汁呈现出很顺滑、细腻的状态。将其倒入装饰好的杯子中即可。

1

2

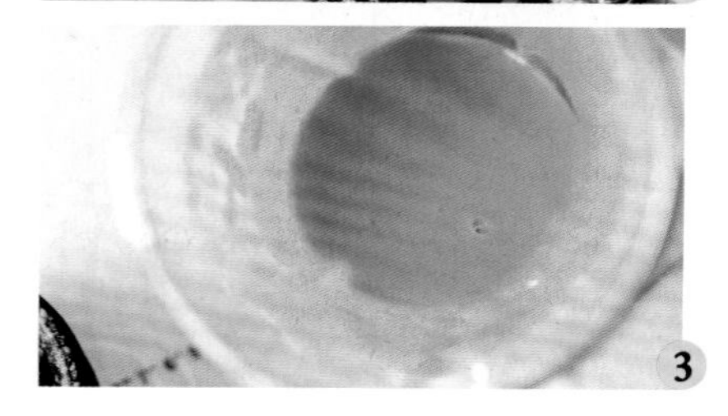
3

“婶子碎碎念”

这款果蔬汁口感挺甜，所以不太能吃甜食的读者，可以降低红薯的用量并多加些纯净水。

步骤

1. 苹果去皮、去核，切成小块。胡萝卜切小块。菠萝切小块。
2. 将所有水果都倒入破壁机中，加入纯净水，选择果蔬模式。逐渐搅打，使材料变碎。
3. 材料变成细腻的果蔬糊糊即可。

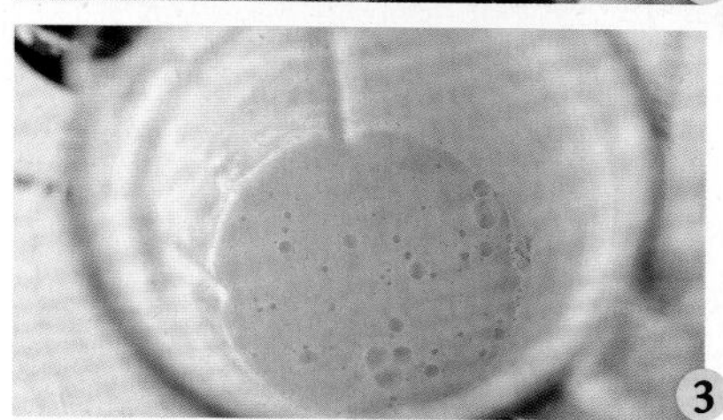

胡萝卜菠萝汁

胡萝卜是单独吃比较难下咽的蔬菜，就算打成汁，也往往会被孩子们拒绝，但胡萝卜加上酸甜的菠萝和苹果一起打成汁，做出的成品就很好喝了。这款果蔬汁可以清理肠胃，提高食欲，排毒保健。

“婶子碎碎念”

1. 菠萝切好后一定要在盐水中浸泡。

2. 胡萝卜榨的汁一定要现榨现喝，不要存放。这样我们才能最大限度地吸收其中的维生素 A。

食材和时间

分量 2 杯

时间 10 分钟

材料 胡萝卜............................60 克

菠萝............................110 克

苹果............1 个（约 180 克）

纯净水........................ 30 毫升

火烧云果蔬汁

用三种时令果蔬做的这杯饮料，犹如黄昏时分的火烧云般绚烂。每一层都有着浓烈如油画般的色彩，让人真不敢相信这是大自然赐予的天然色彩。每一层都独具风味，还可以给身体补充丰富的维生素。

食材和时间

分量 2 杯

时间 20 分钟

材料 紫色层材料：

紫甘蓝..........................100 克

柠檬................................ 半个

蜂蜜...............................10 克

纯净水........................ 40 毫升

橙色层材料：

胡萝卜..........................140 克

圣女果............................40 克

黄色层材料：

贝贝南瓜 .. 1 块（实用 100 克）

纯净水........................ 70 毫升

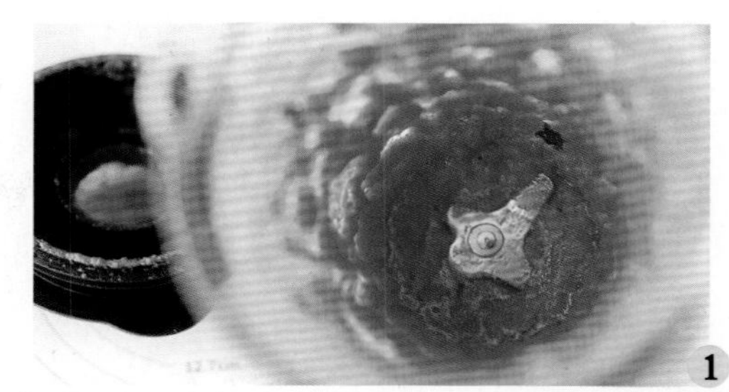

步骤

1. 贝贝南瓜切成块后蒸熟。将黄色的南瓜肉取出来 100 克备用。紫甘蓝洗净，撕成小块。柠檬去皮。胡萝卜切成片。圣女果洗干净。将柠檬、蜂蜜和紫甘蓝倒入杯子中，然后倒入 40 毫升纯净水，用果蔬模式搅打成细腻的紫色果蔬汁。
2. 将圣女果放到底部，再放胡萝卜，打成汁。100 克南瓜加入 70 毫升纯净水打成汁。
3. 在饮料杯的底部放紫色汁，再放橙色汁，最后放黄色汁，用筷子轻轻搅拌下，让三种颜色的汁略微混合。成品如油画般好看。
4. 也可以底部先放黄色汁，用筷子往上挑几下让汁水挂壁。再倒入橙色汁，继续用筷子挑几下，最后倒入紫色汁。这样混出来的成品也很好看。

日常饮用水大部分偏碱性，遇到紫甘蓝里的花青素会变成蓝色，所以加点柠檬汁进去，这样打出来的紫甘蓝汁就是紫色的了。

GOOD
MORNING

大果粒布丁杯

甜品店里的杧果酸奶布丁可是“小仙女们”夏季的最爱，但外面的再好吃终归不如自己动手做的——性价比高，吃起来还安心。一次多做几杯，自己吃，哄娃儿或者送朋友都很合适。

食材和时间

分量 2 杯

时间 60 分钟

材料 杧果肉................................500 克

酸奶.................................100 克

细砂糖................................20 克

牛奶..................................50 克

吉利丁片...........12 克（约 2 片）

奥利奥饼干（选用）............. 适量

薄荷叶................................. 适量

步骤

1. 将吉利丁片用凉水泡软，沥干水备用。杧果肉切丁，留出 150 克备用。
2. 将 350 克杧果肉丁放进破壁机中，再倒入酸奶，打成均匀的杧果糊。
3. 牛奶放入小锅中微微加热到 80℃。将吉利丁片放进热的牛奶中，搅拌均匀至全部化开。再将牛奶吉利丁液倒入刚才打好的杧果酸奶糊糊中。加入糖，用打蛋器或刮刀搅拌均匀。甜度可根据你的喜好来调整。
4. 杯底可以铺一层奥利奥饼干，没有的就不用铺了，然后倒入杧果糊。倒入差不多七分满，放入冰箱冷藏到材料凝固。表面撒一些杧果丁，用薄荷叶装饰就可以吃了。

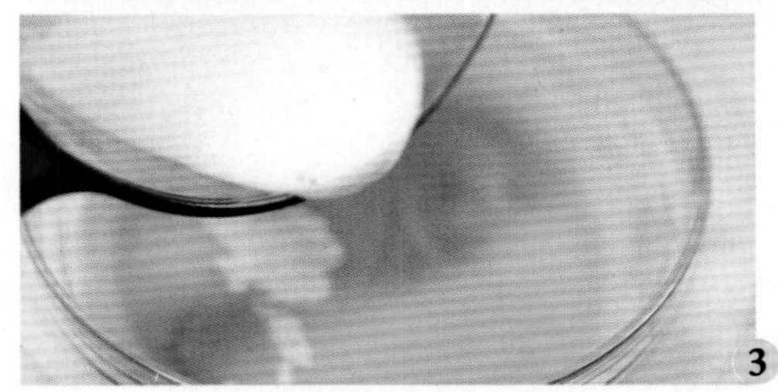

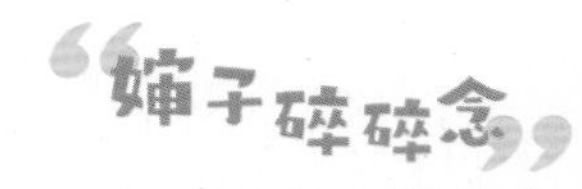

1. 吉利丁片必须用凉水泡软，使用温水会化掉。

2. 杧果虽好并不是所有人都能吃的，过敏者吃可能会出现皮肤瘙痒、四肢及口舌发麻等症状，所以吃之前注意看一下自己的体质。

冬日莓果

寒冬时节不少女性都会四肢发冷、面色灰暗。这时候可以适当多吃些新鲜莓果提高身体的抗氧化力。冬日食用莓果首选草莓。用酸奶加上少许这样红彤彤的小果子略微搅拌，就成了养颜又可爱的冬日莓果杯。

食材和时间

分量 2 杯

时间 30 分钟

材料

草莓……………………………280 克

椰汁……………………………120 克

酸奶……………………………200 克

草莓片……………………8 片左右

猕猴桃片（选用）…….2 ~ 3 片

蜂蜜……………………………少许

椰蓉……………………………少许

步骤

1. 所有材料都先准备好。先对两个饮料杯子进行装饰，即取四个草莓片拼成图中的花型。或者用草莓片和猕猴桃片来装饰。
2. 在平碗里涂点蜂蜜，将杯子口倒扣黏上一圈蜂蜜，再放到椰蓉里蘸上一圈。这样杯口就很像粘上雪花的样子了。
3. 将草莓和椰汁倒入破壁机中，启动果蔬模式 。
4. 打成图中这样细腻的椰香草莓汁。
5. 饮料杯子中先倒入一半的酸奶，再用筷子挑起少许酸奶做成图中这样的挂壁状。
6. 缓缓倒入打好的椰香草莓汁。最后用筷子挑几下，使最终的颜色变成粉白混合的样子即可。

“婶子碎碎念”

1. 没有椰汁，可以换成等量的牛奶或者酸奶一起搅打。草莓可以提前冷冻后再打，做出的成品口感更好。

2. 用水果片装饰杯子，用的材料和样式比较灵活，可以自由发挥。

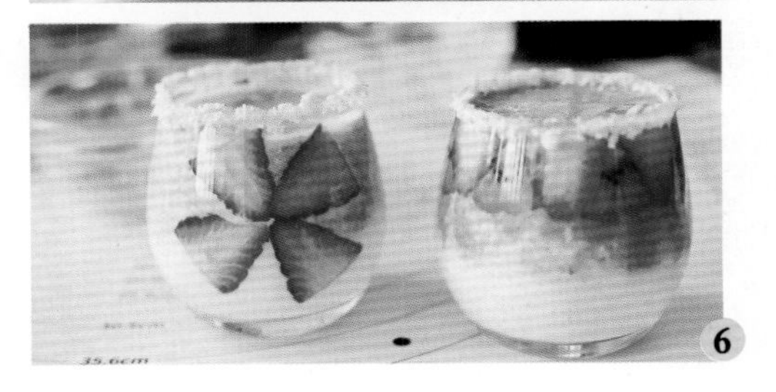

蓝莓养乐多

每瓶养乐多至少含有100亿特殊的活性乳酸菌。它适合各年龄层人士饮用，特别是饭后1小时饮用效果更好，可以助消化并且帮助维持肠内菌群平衡。加入了蓝莓奶昔的这款水果味养乐多，口感清新，味道微酸，很适合平时饮食比较油腻的人食用。

食材和时间

分量 1 大杯

时间 20 分钟

材料

蓝莓……………………………100 克

酸奶……………………………60 克

养乐多…………………………1 瓶

冰块……………………………40 克

蜂蜜……………………………10 克

纯净水……………………… 15 毫升

步骤

1. 蓝莓清洗干净，平均分成两份。
2. 将 50 克蓝莓和纯净水、蜂蜜倒入破壁机中搅打成深色的蓝莓汁，倒出来备用。
3. 再将 50 克蓝莓和酸奶搅打成颜色比刚才浅一些的蓝莓奶昔。
4. 两种颜色的蓝莓饮品就都做好了。
5. 杯子中放入冰块，倒入一小瓶养乐多。
6. 先倒入浅紫色蓝莓奶昔再倒入深紫色蓝莓果汁。用勺子略微搅拌下，让深紫色和浅紫色混合，成品更好看些。

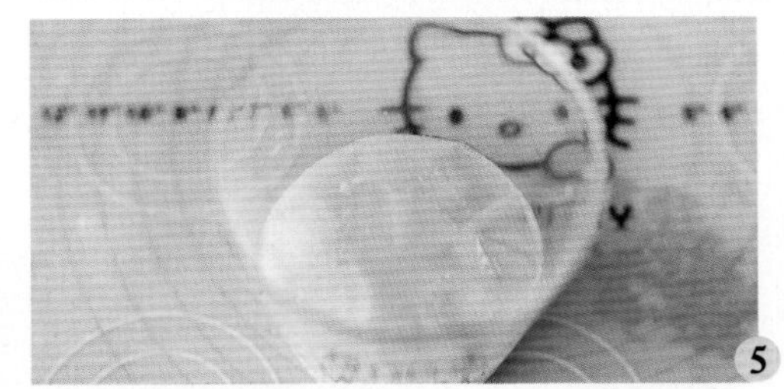

“婶子碎碎念”

嫌麻烦的读者也可以不做分层，直接用蓝莓加其他材料搅打即可。蓝莓也可以换成草莓、杧果等水果。

杧果千层杯

这个千层杯一勺挖下去，层层分明。吃下去，感觉杧果的甜与奶酪融合在一起，萦绕舌尖。做它的灵感来自澳门的知名甜点木糠杯，木糠杯也是这样用一层淡奶油一层饼干屑铺成的。自己做可以加入大量杧果泥和奶油奶酪进去，成品风味更浓也更好吃。

食材和时间

分量 2杯

时间 20分钟（不含冷藏时间）

材料

奶油奶酪……140克

杧果……225克

（分成175克和50克两份）

细砂糖……10克

奥利奥饼干……90克

步骤

1. 奥利奥饼干去掉夹心后，放入破壁机杯中用中速搅打，直到变成比较细腻的粉末。
2. 奶油奶酪提前软化。杧果去皮，切丁，分成两部分。所有材料都准备好。
3. 将奶油奶酪、175 克杧果还有 10 克细砂糖都放入破壁机杯中。
4. 开启搅拌模式，直到材料变成细腻的杧果奶酪糊。如果打不太动可以加入一点牛奶（分量外）帮忙。
5. 先往饮料杯子里放一层杧果奶酪糊，抹平表面，再筛入一层奥利奥饼干末，抹平。重复这两个步骤。一直到杯子快填满为止。
6. 撒上奥利奥饼干末，表面放上刚才分出来的 50 克杧果丁装饰一下。放冰箱冷藏 1 小时，成品变凉了味道更佳。

“婶子碎碎念”

1. 奶油奶酪和杧果一起打发时如果出现打不太动的状况，可以加入少量的牛奶进去。但牛奶不要放多，加太多了，奶酪糊就稀薄不容易定型了。

2. 往杯中填装奥利奥饼干末和奶酪糊时需要耐心，每一层都尽量铺整齐了再放下一层。如果觉得奥利奥饼干太甜，也可以换那种味淡的早餐饼干或者是油脂少一些的饼干打成粉来做。

蜜豆绿森林

牛油果是低糖高热量水果，但它含有人体必需的不饱和脂肪酸，所以比较健康。因为本身味道较淡，所以牛油果适合跟酸奶一起打成奶昔。这样做出的成品就会拥有顺滑稠密的口感。加点蜜红豆进去，不仅能够帮人补钙、补充蛋白质，而且做出的成品的口感和外观也会升级。下午饿的时候来一杯，很饱腹。

食材和时间

分量 1 杯

时间 10 分钟

材料 牛油果……1 个
酸奶……180 克
蜂蜜……15 克
蜜红豆……30 克
装饰用香蕉片……5 ~ 6 片
薄荷叶……少许

步骤

1. 牛油果切开，去果核。香蕉片用花型饼干模具切成花的形状。将香蕉片贴在杯子的内壁上装饰一下。
2. 将牛油果、酸奶、蜂蜜倒入破壁机中，使用果蔬模式搅打约 2 分钟，直到变成细腻的淡绿色糊糊。
3. 杯子中先倒入一半的蜜红豆，再倒入打好的淡绿色糊糊，表面撒上剩下的蜜红豆和薄荷叶装饰就可以了。

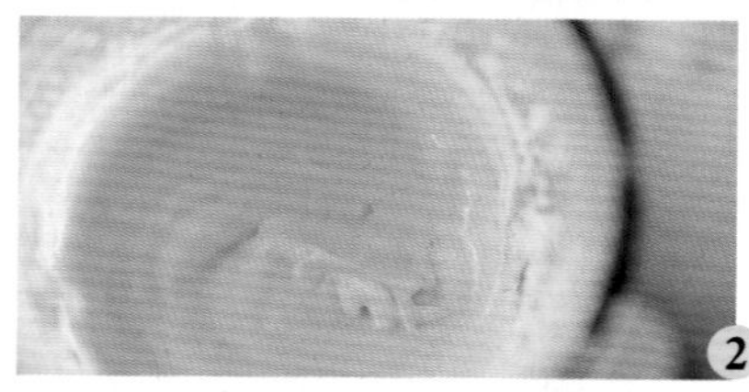

牛油果本身味道很淡，如果你加的是无糖酸奶就需要加点蜂蜜进去一起搅打。没有蜜红豆的可以在底部铺少许燕麦片或者是红薯丁、紫薯丁等装饰。

排毒果蔬糊

新鲜果蔬经高温烹饪后，往往会损失掉大部分的营养物质，所以有条件的小伙伴们可以用破壁机将其做成新鲜的果蔬排毒汁来饮用。这样能最大限度地保留住其中的营养。而且搅拌后的果蔬糊，里面的物质都已经被打碎了，更易于人体的吸收。

食材和时间

分量 2杯

时间 10分钟

材料

胡萝卜	60克
圣女果	140克
西芹	90克
苹果	半个
纯净水	30毫升
薄荷叶	少许

步骤

1. 胡萝卜、西芹和苹果洗净，切小块。圣女果洗净，去蒂。将果蔬材料放入破壁机杯中，尽量将含水比较多的圣女果放在最底下。
2. 加入水，然后启动果蔬模式开始搅打。
3. 果蔬糊糊做好了，用薄荷叶装饰即可。

1

2

3

“婶子碎碎念”

圣女果尽量放到最底下，这样先将水分最多的水果打成汁水后，刀片更容易旋转。如果将含水偏少的胡萝卜或者苹果放到最底下，机器容易空转，就需要加入比较多的纯净水才能够搅拌起来了。

奇亚籽三色杯

奇亚籽是近几年兴起的健康食物，原产于海拔较高的荒漠地带，有很强的吸水性，低糖，吃很少就有饱腹感，非常适合加到果蔬汁中一起食用。

食材和时间

分量 2 大杯

时间 20 分钟

材料
即食奇亚籽............................8 克
热牛奶..............................150 克
抹茶粉.................................4 克
火龙果..............................180 克
酸奶.................................250 克
麦片坚果碎..........................20 克

步骤

1. 将奇亚籽和热牛奶、抹茶粉混合，浸泡至奇亚籽膨大。
2. 图中是已经浸泡好的状态，变成胶状了。如果赶时间也可以将混合物用小火熬煮五六分钟，这样混合物也能变成胶状。
3. 火龙果切块，和 50 克左右的酸奶放进破壁机一起搅打。
4. 搅打至变成糊糊状。果蔬汁就都准备好了。
5. 在杯子中先倒入泡好的奇亚籽牛奶汁。
6. 再倒入一层果蔬汁，然后倒入剩余的酸奶，最后撒上适量的麦片坚果碎装饰下就可以了。

“婶子碎碎念”

奇亚籽用热水泡会快一些，膨胀后的体积大概是原大的 12 倍。泡好的混合物会有点呈胶状的感觉，所以放到最底下那层较好。中间那层可以换成杧果汁或者草莓奶昔，或者你再加入一层其他颜色的果蔬汁也不错。

双瓜降压汁

黄瓜含有膳食纤维，能降低血液中的胆固醇。苦瓜则具有明显的降血糖作用，对糖尿病有一定辅助疗效。只用这两个食材榨汁，做出的成品有些苦，加个猕猴桃和少许蜂蜜进去就好多了。饮用这款饮品要比吃冰棍、喝冷饮更解渴，也更健康。

食材和时间

分量 2人份

时间 5分钟

材料 黄瓜……………………………1根

苦瓜……………………………半根

猕猴桃…………………………1个

蜂蜜…………………………10克

步骤

1. 黄瓜洗干净，切块。苦瓜去掉白瓤。猕猴桃去皮，少部分切片，剩余部分切块。将猕猴桃薄片贴在杯子内壁上装饰。
2. 将黄瓜、苦瓜和剩余的猕猴桃倒入破壁机中，使用果蔬模式搅打。
3. 大约两分钟后就变成细腻的糊糊了。倒入杯子中，再舀入蜂蜜拌匀即可。

1

2

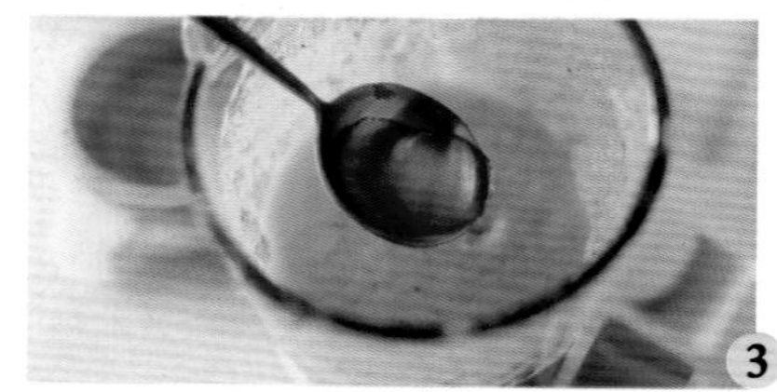

3

1. 苦瓜一定要把白瓤去干净。这款果蔬汁只用了半根苦瓜就比较苦了，所以最好加入蜂蜜调味。

2. 用猕猴桃片贴壁前，杯子内一定不能有水，这样才能贴得比较牢固。

热带风情碗

食材和时间

分量 2 人份

时间 10 分钟（不含浸泡时间）

材料

材料	用量
杧果	140 克
菠萝	200 克
木瓜	120 克
百香果	1 个
椰子片	10 克
菠萝片	8 ~ 9 片
木瓜丁	少许
杏仁片	少许
燕麦片	少许

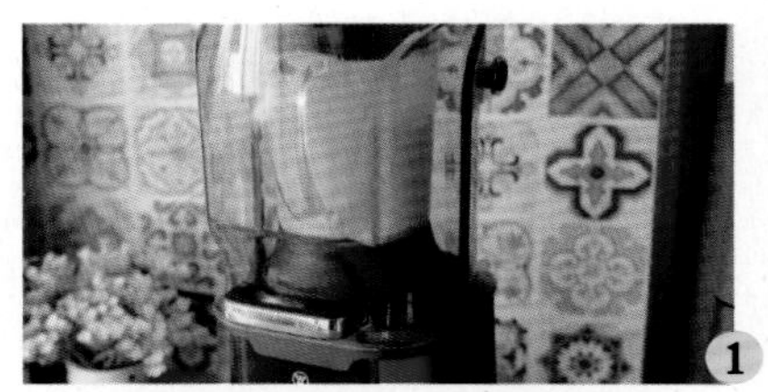

用热带水果做的这碗奶昔富含维生素、矿物质等，能提高身体的免疫力，预防癌症、心脏病等。我们饭前吃上这么一碗，可以产生“饱的感觉”，从而减少进食量，抑制体重增加，实现越吃越瘦的效果。

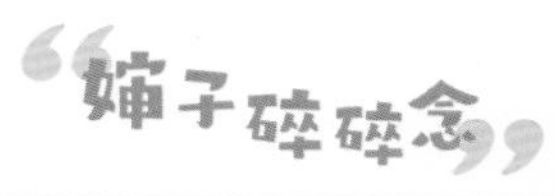

1. 这个“水果碗”用的都是热带水果，并且材料颜色都偏黄，所以打出来的颜色很好看。

2. 如果想要口感更顺滑，也可以加入适量的牛奶一起搅打。

步骤

1. 杧果、木瓜和菠萝切块。菠萝切开后需要泡盐水（分量外）半小时。将杧果块、木瓜块和菠萝块都倒入破壁机中。使用果蔬模式打成淡黄色的水果糊糊。
2. 将水果糊倒入大碗中，再将菠萝片、木瓜丁、百香果果肉、椰子片、杏仁片、燕麦片撒在表面装饰即可。

椰香果昔碗

椰子的汁水有很好的清凉消暑、生津止渴的功效。它富含蛋白质、脂肪、维生素 C 等营养。把椰汁加香蕉还有少许的坚果粉、奇亚籽一起做成果昔碗，解馋，解渴还能滋润皮肤呢。

食材和时间

分量 1 碗

时间 10 分钟

材料
- 香蕉……1 根
- 椰汁……250 克
- 巴旦木粉（没有可省略）……20 克
- 椰子片……20 克
- 奇亚籽……10 克

步骤

1. 将所有的材料都准备好。巴旦木粉做法可参考本书第 247 页。将椰汁、香蕉、巴旦木粉倒入破壁机中。
2. 使用果蔬模式搅打 1 分钟，至变成细腻的椰汁奶昔。
3. 将奶昔倒入大碗中，表面撒上椰子片和奇亚籽装饰即可。

1

2

3

“婶子碎碎念”

1. 夏天可以将椰汁和香蕉都冷冻后再打，味道更佳。如果有椰子肉或者椰蓉更好，可以放进去一起搅打，做出的成品椰子味会更浓郁。

2. 撒入椰子片和奇亚籽之后，可以等一会儿再吃。椰子片和奇亚籽被椰汁浸泡后一起吃，口感更佳。

能量绿果昔

这是一款号称“能量小巨人”的绿色果昔碗。早上来一份就可以补充一天所需的维生素了，它还有抗氧化的作用呢。冬天的时候，也可以放入温牛奶制作，这样就不会吃起来冰冰凉了。

食材和时间

分量　2人份

时间　10分钟

材料

牛油果……………………1个

猕猴桃……………………1个

菠菜……………………80克

香蕉……………………1根

牛奶……………………100克

装饰用香蕉片、牛油果丁、巴旦木、亚麻籽……………………各适量

步骤

1. 菠菜含有较多的草酸，要先用开水焯过后再使用。将牛油果、猕猴桃、香蕉都去皮，切块。
2. 将上面4种果蔬和牛奶一起放进破壁机中，用果蔬模式搅打，直至变成顺滑、细腻的奶昔。
3. 将奶昔倒入碗中，再放上香蕉片、牛油果丁、巴旦木和亚麻籽装饰即可。

1

2

3

“婶子碎碎念”

菠菜也可以换成芦笋。如果想味道甜一些，可以多放香蕉或者加点蜂蜜。

食材和时间

分量　2 人份

时间　20 分钟（不含浸泡时间）

材料　青椒……1 个
芦笋……50 克
酸奶……200 克
藜麦……40 克

蔬菜藜麦奶昔

奶昔这名字听起来“高大上”，其实就是把牛奶或酸奶搭配蔬菜、水果一起搅打制成的，做起来很简单。想要减脂的读者或者是不爱吃蔬菜的小孩，都可以这样搭配着吃。特别是夏天不爱吃饭时，在奶昔中放点煮熟的藜麦进去一起打成果蔬奶昔，做出的成品吃起来不腻，也有饱腹的效果。

步骤

1. 芦笋去掉根部，放到沸水里煮熟后捞出，过凉水。
2. 藜麦提前浸泡 30 分钟后放入滚水中，煮 15 分钟左右后用滤网捞出。
3. 青椒切小块，和芦笋、藜麦、酸奶一起倒入破壁机杯中。
4. 使用果蔬模式搅打大约两分钟就做好了。

芦笋和青椒也可以换成菠菜或者其他绿色蔬菜。青椒可以生吃，所以直接打汁即可。

香草榴梿奶昔

号称“热带水果之王”的榴梿好吃又有营养。特别是把榴梿肉提前冰冻好，再加入淡奶油和牛奶一起搅打，就会变成类似奶油冰激凌般醇厚的口感了。加点香草精进去提香，会让这道奶昔的味道更香浓。

食材和时间

分量 1杯

时间 10分钟

材料

冷冻榴梿块……………………220克
淡奶油…………………………100克
牛奶……………………………100克
炼乳………………………………15克
香草精………………………3～4滴

步骤

1. 所有材料都倒入破壁机中。
2. 使用机器的冰沙模式，搅打大约1分钟。
3. 材料成为图中这样细腻的冰奶昔状态了。口感很像有点融化的榴梿冰激凌。

1

2

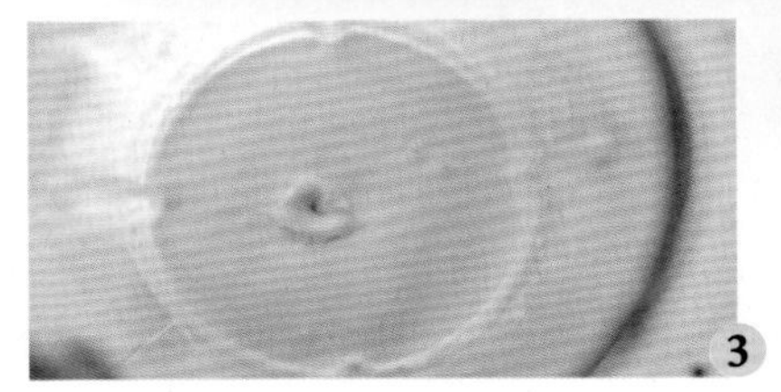

3

1. 因为榴梿肉很黏软，所以用勺子将榴梿肉舀入冰格后冷冻。定型之后一格格的，方便取出使用。

2. 淡奶油、牛奶都建议用冷藏后的，这样打出来的奶昔口感较好。如果想要厚一些的、类似软式冰激凌的那种口感，可以不加牛奶只加淡奶油。

3. 香草精是提香用的，会让这个奶昔带有香草冰激凌的味道。

香蕉紫薯奶昔碗

紫薯是非常好的薯类食品。它除了具有普通红薯的营养成分外，还富含硒元素和花青素。花青素对多种疾病有预防和辅助治疗作用。这碗用紫薯做的梦幻紫瘦身奶昔加了少许奇亚籽，味道浓郁，饱腹感也很强，很适合当作代餐食用。

食材和时间

分量　1 碗

时间　15 分钟

材料　香蕉……………1 根（约 80 克）

小紫薯…………1 根（约 80 克）

牛奶……………………………180 克

杏仁片……………………………10 克

奇亚籽……………………………10 克

香蕉片……………………10 片左右

步骤

1. 紫薯蒸熟，去皮。50 克紫薯切小块，30 克紫薯切成方形的小丁。将香蕉、紫薯块、牛奶这三种材料放入破壁机中。启动果蔬模式搅打。
2. 变成细腻的紫薯香蕉糊糊后倒入大碗中。表面铺上香蕉片、杏仁片、奇亚籽和紫薯丁装饰即可。

1

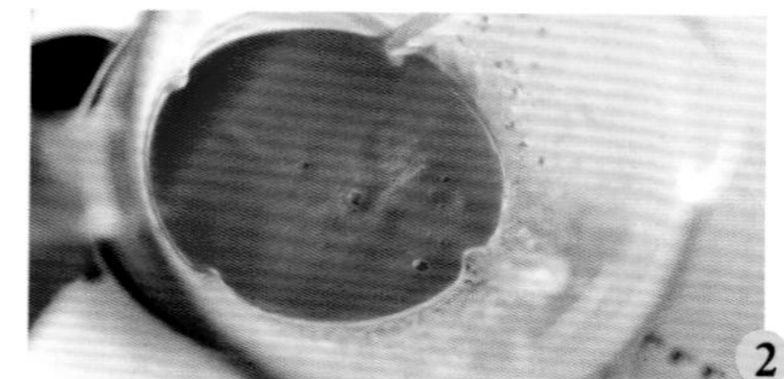
2

“婶子碎碎念”

1. 香蕉有润肠通便功效，薯类则有胀气作用，这两种食物一起食用时要控制量。同时吃一根小紫薯和一根香蕉不会出现胃肠问题，但如果大量食用就容易出现腹泻了。大家一定要控制好量，别贪多。

2. 家里有燕麦脆片的也可以撒在表面。我撒的是奇亚籽，成品饱腹感更强。

步骤

1. 将燕麦米浸泡后放入破壁机里用花茶模式煮 20 分钟至熟。也可以用锅煮熟。将煮好的燕麦米捞出，沥干水。将 2/3 的燕麦米和香蕉、牛奶、可可粉都倒入破壁机中，启动果蔬模式搅打 2 分钟。
2. 打好后的就是味道浓郁的可可燕麦奶了。此时将剩下的燕麦米放进去，这样喝起来更有颗粒感。可以在表面筛点可可粉（分量外）装饰。

1

2

香蕉可可燕麦奶

加入了燕麦米和香蕉的牛奶，本身就有点五谷奶的浓香气息。再筛点可可粉进去，做出的成品入口丝滑而甜度又把控得刚刚好，不齁不腻。这几种食材的香气互相交融，有点像热巧克力的感觉，但其热量却要低很多。下午饿的时候来上这么一杯，解馋又饱腹。

食材和时间

分量　2 杯

时间　30 分钟（不含浸泡时间）

材料　香蕉……1 根
可可粉……2 克
燕麦米……25 克
牛奶……250 克

“婶子碎碎念”

1. 燕麦米需要煮熟后再用。将其提前浸泡，可以让煮的时间更短一些。

2. 可可粉略苦，所以用它做的饮品不是很甜。喜欢甜味的读者可以加入少许蜂蜜调味。

早餐奶昔杯

用果蔬和燕麦一起做早餐，可以帮助清肠、减重和加速新陈代谢。这款早餐奶昔杯富含膳食纤维和蛋白质，既健康又饱腹，而且最重要的是准备起来非常快，绝对适合忙碌的上班族。

食材和时间

分量 1 杯

时间 20 分钟（不含浸泡时间）

材料

香蕉	1 根
圣女果	130 克
胡萝卜	50 克
即食燕麦片	30 克
酸奶	150 克
草莓	1 个
装饰用胡萝卜片	少许

步骤

1. 草莓切薄片，贴在杯子内侧做装饰。其他材料也都准备好。
2. 将大部分即食燕麦片放到酸奶中浸泡 15 分钟，拌匀后材料变得比较黏稠。
3. 香蕉、圣女果、胡萝卜、酸奶一起倒入破壁机中。启动果蔬模式搅打成细腻的果蔬奶昔。
4. 将适量的奶昔倒入装饰好的杯子中。
5. 倒入混合了燕麦片的厚酸奶，最后倒入一层果蔬奶昔，表面撒上剩下的燕麦片和胡萝卜片即可。

“婶子碎碎念”

1. 没有草莓也可以换成圣女果，切片后使用。只是成品没有用草莓做的这么好看。

2. 分层倒入酸奶和果蔬奶昔时要轻一些，尽量从边缘处倒入，避免错层。错层的成品不好看。

杂粮水果精力汤

用水果做粥吃很合适。于是就有了这款用杂粮粥、苹果以及牛奶煮出来的精力汤。它口感清新，不黏腻，很适合在夏天胃口不佳的时候食用。

食材和时间

分量 2 杯

时间 10 分钟（不含浸泡时间）

材料 杂粮粥材料：

紫米....................................15 克
小米....................................15 克
糙米....................................15 克
清水........................400 毫升左右

精力汤材料：

放凉的杂粮粥.....................250 克
牛奶..................................200 克
苹果.....................................1 个
巴旦木粉 ....10 克

步骤

1. 先做杂粮粥。将紫米、小米和糙米提前浸泡 30 分钟以上。
2. 倒入破壁机中，加入 400 毫升左右的清水，选择煮粥模式。
3. 程序结束后，将粥放置，使其自然冷却。取 250 克使用。
4. 苹果去皮，去核，切小块。巴旦木粉（做法可见本书第 247 页）和牛奶也准备好。
5. 将制作精力汤的所有材料放入破壁机中，选择果蔬模式搅打至细腻即可。

1. 杂粮粥也可以换成其他的粥。这款精力汤主要是使用水果、杂粮和坚果制作的，可以更换为类似的食材。巴旦木粉是提香用的，没有可以省略。

2. 苹果本身有甜味，没再加糖。想喝甜一些的汤，可以加点蜂蜜一起打。

火龙果龟苓膏

龟苓膏由龟板、土茯苓等众多中药材熬制而成。夏天在饭后来碗龟苓膏可以清热解毒、滋阴补肾。但因为是用药材熬制的，所以龟苓膏会有淡淡的苦味，为了掩盖苦味最好是搭配新鲜的果蔬汁一起食用。也不用额外加糖，以免增加身体的负担。

食材和时间

分量 2 大杯

时间 60 分钟

材料 龟苓膏材料：

龟苓膏粉 .... 30 克

凉纯净水 .... 100 毫升

热水 .... 700 毫升

饮料材料：

红心火龙果 .... 180 克

苹果 .... 1 个

龟苓膏 .... 120 克

步骤

1. 龟苓膏可以多做些。我用了 30 克龟苓膏粉。在粉中倒入 100 毫升水。
2. 搅拌均匀后再倒入 700 毫升的热水。将其倒入锅中。一边搅拌一边加热，煮到材料略微沸腾，关火后放凉。
3. 冷却下来的龟苓膏液会凝固住。用刀子将其切小块，取 120 克备用。
4. 火龙果和苹果都切小块。将火龙果先放入破壁机杯底部再放苹果，启动果蔬模式开始搅打。
5. 打成细腻颜色绚丽的果汁。
6. 先在杯子中放入龟苓膏，再倒入刚才打好的火龙果苹果汁即可。

1. 火龙果本身味道比较寡淡，加苹果一起搅打，做出的成品就比较好喝了。如果想味道更顺滑还可以加入少许牛奶一起搅打。

2. 龟苓膏也可以换成烧仙草、水果凉粉、布丁等。龟苓膏有滋补作用，饭后半小时食用效果最佳。

1

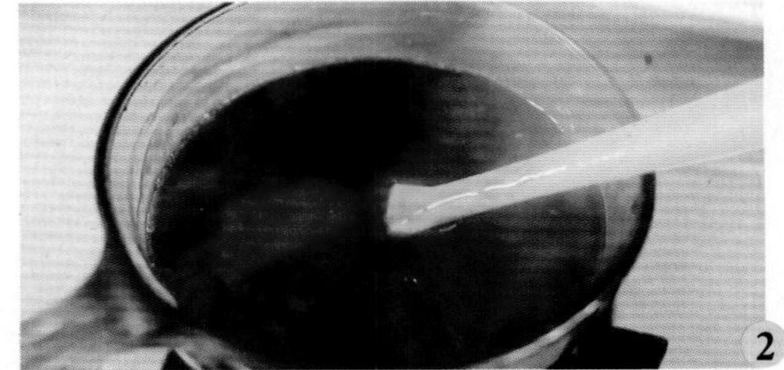
2

3

4

5

6

百香果冰棍

用新鲜水果制作的冰棍，不仅质地浓郁还有天然的香味和营养。百香果和杧果都是比较适合做雪糕的水果，特别是加入浓稠酸奶搅拌以后，口感就像冰激凌一样浓厚。再加点猕猴桃片装饰，让这款自制冰棍更显热带风情。

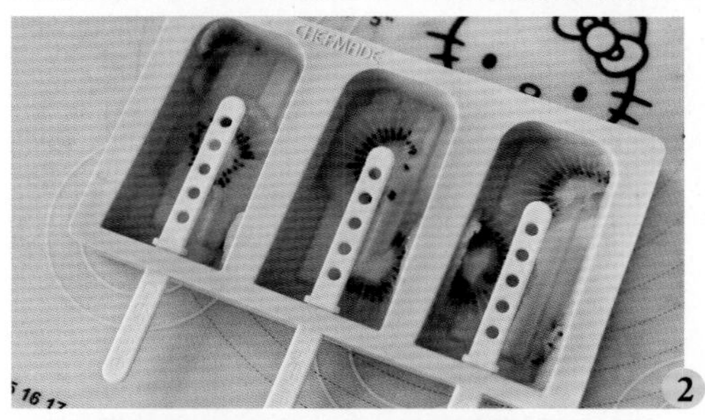

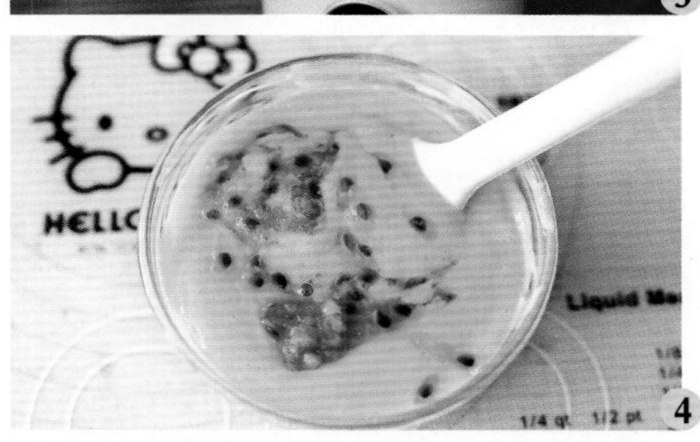
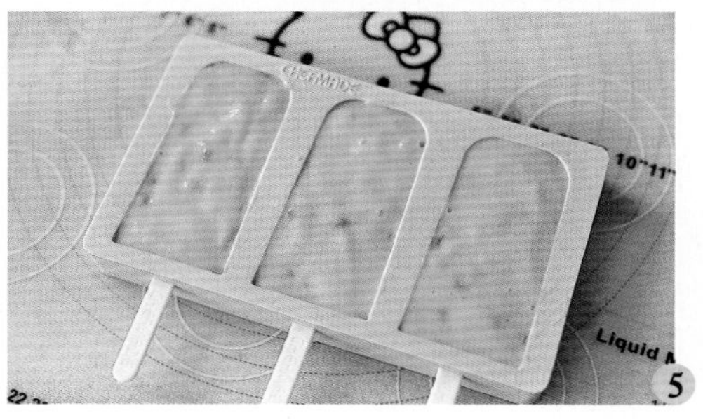

食材和时间

分量 3根

时间 30分钟（不含冷冻时间）

材料

百香果……1个
杧果……140克
酸奶……90克
蜂蜜……20克
猕猴桃……少许

步骤

1. 杧果去皮切小块，猕猴桃切薄片。
2. 将猕猴桃片贴在冰棍模具的内壁装饰。
3. 将杧果、酸奶、蜂蜜倒入破壁机中，使用果蔬模式搅打成细腻的杧果奶昔糊，盛出。
4. 将百香果果肉倒进去，略微拌匀。
5. 将做好的材料均匀地倒入冰棍模具中，抹平表面，冷冻到完全变硬后脱模即可。

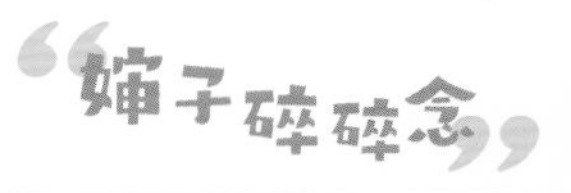

如果想吃冰碴感重一些的，可以把酸奶换成牛奶。如果想要制成的成品口感更接近奶油冰激凌就将酸奶换成打发到半流动状态的淡奶油。

花生坚果冰激凌

炎炎夏日，来一碗凉凉的冰激凌才能救你我于“水火”之中。我们吃一口这款用浓香花生酱熬制又撒了少许坚果碎的冰激凌，会感觉花生的浓郁香气裹着冰爽的颗粒充满口腔，顿时觉得黏合的毛孔被甜蜜的凉气打开了。

食材和时间

模具 长 17 厘米、宽 13 厘米、高 6 厘米保鲜盒一个

时间 1 小时（不含冷冻时间）

材料 花生……………………120 克左右
牛奶……………………280 克
细砂糖……………………60 克
淡奶油……………………90 克
熟花生碎……………………20 克

步骤

1. 先来做花生酱。花生提前烤熟，去皮放入研磨杯中。先使用低速再使用高速进行搅打直至将花生打成细腻的花生酱。想吃有点颗粒感的可以打得稍微粗一些。取 120 克备用。
2. 材料都准备好。
3. 在 120 克花生酱里倒入 100 克牛奶，充分搅拌。
4. 倒入细砂糖和剩下的牛奶继续拌匀。

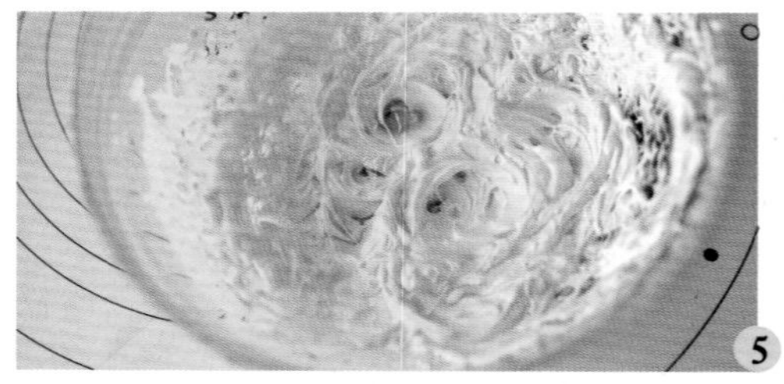

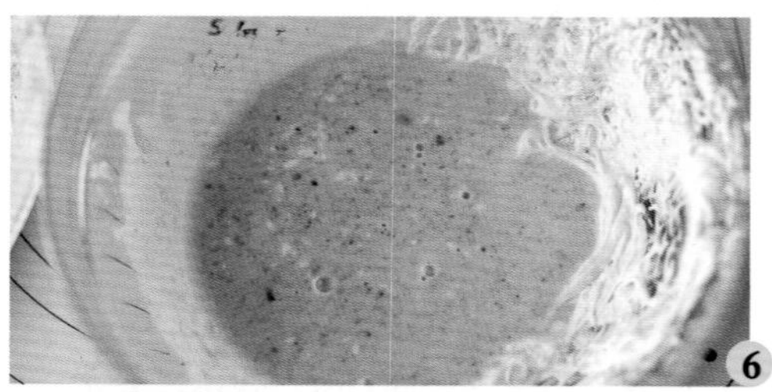

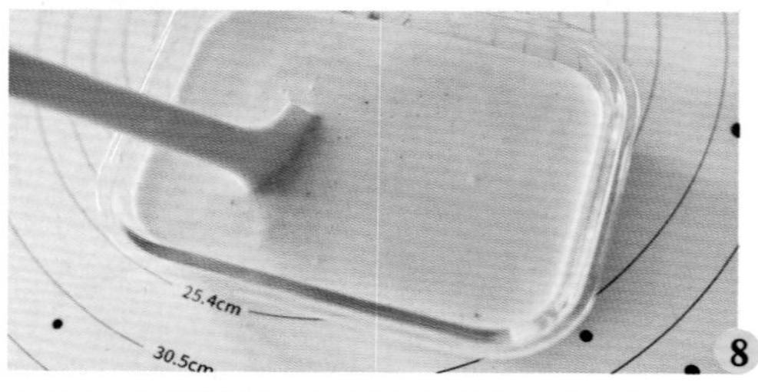

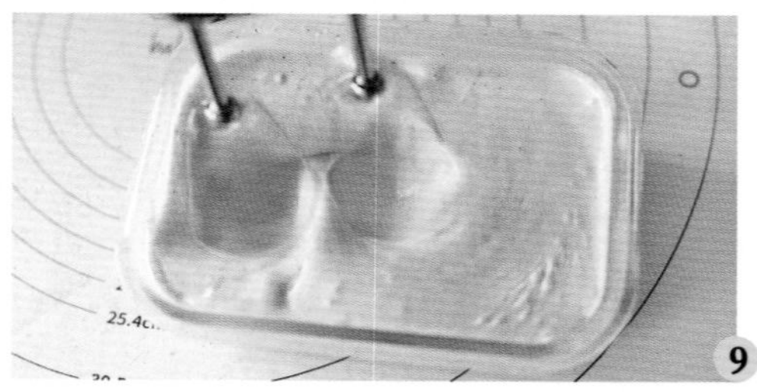

5. 淡奶油打发到有纹路的状态。
6. 将拌匀的花生牛奶糊分次倒入淡奶油中，再次拌匀。
7. 家里有冰激凌机的读者，可以将拌好的混合物直接倒进去搅拌。混合物就可以做成软式冰激凌了。
8. 没有冰激凌机的读者，找一个耐低温的容器，将混合物倒进去，然后进行冷冻。
9. 大约冻 1 个小时后，拿出来用打蛋器略微打一会儿，然后继续冷冻到混合物完全变硬。
10. 混合物完全冷冻以后，拿出来稍微回温，就可以用勺子舀着吃了。

“婶子碎碎念”

1. 花生酱也可以换成其他坚果酱或者水果酱，特别是在花生中加入少许腰果以后一起打，制成的酱会更好吃，做法可以参考本书第 138 页。

2. 将淡奶油打发后再混合会让冰激凌的口感更绵软一些。如果只用牛奶做，冻出来的成品就有冰棍一样的口感。在冰激凌液冷冻中途拿出来打发一两次也是为了让最后的成品口感更好。

木瓜百香果冰沙

三伏天里没有什么比来上一杯自家出品的果泥冰沙更爽的了。添加了新鲜果泥的冰沙比冰激凌更加清爽，如丝般顺滑。只不过自制冰沙用的水果要尽量选择果肉足够绵密的，这样做出的成品口感才够好。像木瓜和香蕉一起搭配就不错，再淋上百香果更是果香魅惑，色泽又缤纷好看。吃上一口很享受。

食材和时间

分量 2杯

时间 30分钟（不含冷冻时间）

材料

木瓜丁……190克

香蕉……180克

百香果……2个

蜂蜜……1勺

装饰用的木瓜丁……30克

牛奶……80克

步骤

1. 香蕉切片后，和 190 克木瓜丁装入保鲜袋，放进冰箱冷冻至完全变硬。
2. 将百香果的果肉放到碗中，倒入蜂蜜和装饰用的木瓜丁，拌匀。
3. 图中是已经冻硬的香蕉和木瓜。如果来不及冻，也可以直接加入适量的冰块一起搅打。
4. 将牛奶和冻硬的香蕉、木瓜都放进破壁机中然后选择冰沙模式，打大约 1 分钟。打的时候需要用搅拌棒来辅助，把所有材料打碎。
5. 图中是打好的状态。舀一勺起来，感觉它非常像冰激凌的样子。
6. 将打好的冰沙倒入碗中，表面再淋两勺刚才拌好的百香果木瓜混合物即可。

“婶子碎碎念”

1. 将木瓜和香蕉切好，冷冻后再打，做出的成品会有类似冰激凌的口感。不过还是需要加点牛奶并且用搅拌棒辅助一起打，否则冷冻的水果会让机器空转。

2. 如果没时间提前冷冻水果，就加入适量的冰块一起搅打即可。不过论口感，直接将水果冷冻到硬再打出来的冰沙口感更好。

3. 除了木瓜和香蕉，也可以将草莓、猕猴桃等其他水果冷冻后制成冰沙。

水果冻撞奶

水果冻撞奶做法简单，热量也比奶茶和冰激凌更低，怕胖的读者可以放心喝。这款用新鲜水果做出的高颜值水果冻，与椰汁牛奶完美融合在一起，冰冰凉凉的，非常爽滑，瞬间让人爱上。

食材和时间

分量 3 杯

时间 60 分钟

材料

菠萝……180 克
猕猴桃……160 克
紫薯……100 克
白凉粉粉末……30 克
纯净水……160 毫升左右
牛奶或椰汁……适量

步骤

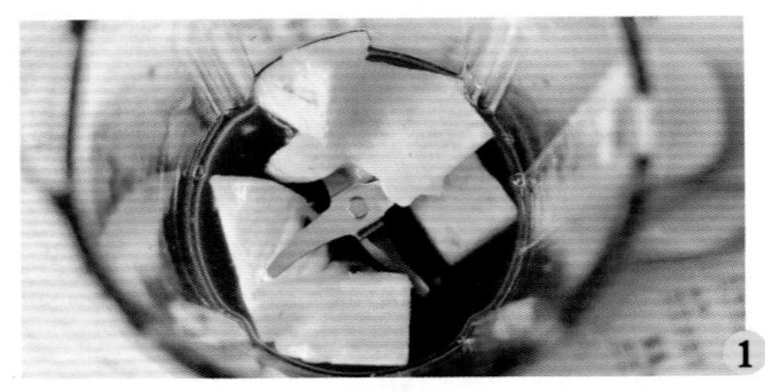

1. 菠萝、猕猴桃和紫薯都切块。菠萝含水量比较高，所以只需要放 20 毫升左右的纯净水进去一起搅打。
2. 打好的菠萝汁用过滤网过滤后，取比较纯净的汁水使用。
3. 将猕猴桃加 40 毫升水打成汁。紫薯含水最少，所以需要加 100 毫升左右的纯净水一起搅打成汁。打好的果蔬汁都需要过滤后使用。各取 200 克使用。白凉粉粉末平均分成三份。
4. 将菠萝汁倒入小锅中烧开，然后倒入 10 克白凉粉粉末。充分搅拌均匀至白凉粉粉末全部化开，然后放凉，等到液体完全凝固。其他两个颜色的果蔬汁凉粉也都使用一样的方法做好。
5. 将凉粉都切成小块备用。
6. 将三色果蔬凉粉倒入杯子中。再倒入适量的牛奶或椰汁略微拌匀就可以了。

“婶子碎碎念”

1. 做凉粉，使用水果皮煮的水较为轻松。使用果肉做的果蔬汁要充分过滤，否则做出的凉粉的口感会很粗糙。

2. 泡水果冻的饮料可以用椰汁、牛奶也可以用奶茶，甚至红茶、乌龙茶也是可以的。

雪燕桃胶思慕雪

思慕雪富含维生素、矿物质等，堪称“杯中的一餐”。这款三色思慕雪，除了添加了杧果、猕猴桃和木瓜这三种水果还加了滋补佳品桃胶和雪燕进去，堪称轻奢版的思慕雪了。

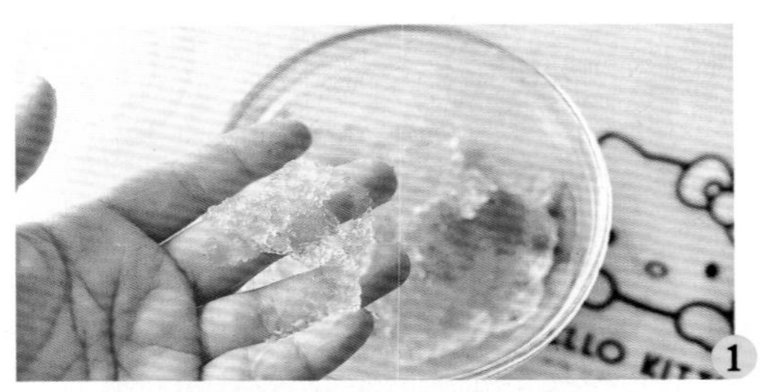

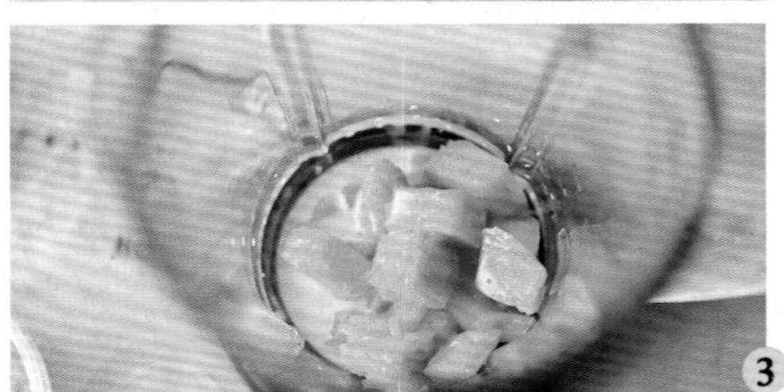

食材和时间

分量 2 杯

时间 30 分钟（不含浸泡时间）

材料

木瓜……………………………150 克

杧果……………………………150 克

冰牛奶…………………………100 克

猕猴桃…………………………100 克

干桃胶……………………………4 克

干雪燕……………………………2 克

蜂蜜（选用）…………………适量

步骤

1. 桃胶和雪燕需要提前一天进行浸泡，特别是雪燕，要泡到拉丝的状态。锅中倒入少许水，烧开后放入雪燕和桃胶，然后转中小火煮 15 分钟左右。将雪燕和桃胶用滤网过滤出来放凉。
2. 少部分猕猴桃切片，取七八片贴在杯子的内侧做装饰。其他的留用。
3. 杧果切块，放入破壁机中，倒入 50 克冰牛奶搅打成细腻的杧果糊糊。
4. 木瓜倒入 50 克冰牛奶搅打成细腻的糊糊。剩下的猕猴桃不用加奶，直接搅打。这样三种颜色的糊糊就都做好了。
5. 杯子中先倒入猕猴桃糊糊，再倒入杧果糊糊，尽量倒得平整一些。
6. 最后倒入木瓜糊糊。每一层都尽量整理一下让分层整齐一些。最后在表面放上煮好的雪燕桃胶即可。也可以淋点蜂蜜上去。

“婶子碎碎念”

桃胶和雪燕需要提前泡发后再煮，但因为雪燕煮时间长了容易化掉，所以隔水炖更好。如果要煮的话，水开后别超过 20 分钟即可。

雪顶草莓星冰乐

粉红清爽的草莓星冰乐来了！和星巴克店里售价几十元一杯的价格相比，这杯自制的星冰乐简直太划算了。买一杯的钱都可以做好几杯了。里面加入了足量新鲜的草莓果泥，配着酸奶和冰块，口感很冰爽。不怕吃胖的读者，可以在表面淋上奶油雪顶。自己喝或者招待朋友，都很有“小仙女”的感觉。

食材和时间

分量　2 杯

时间　20 分钟

材料　饮料材料

草莓……200 克

酸奶……200 克

蜂蜜……25 克

冰块……120 克

雪顶材料

淡奶油……150 克

细砂糖……20 克

草莓粉或甜菜根粉……少许

草莓（选用）……少许

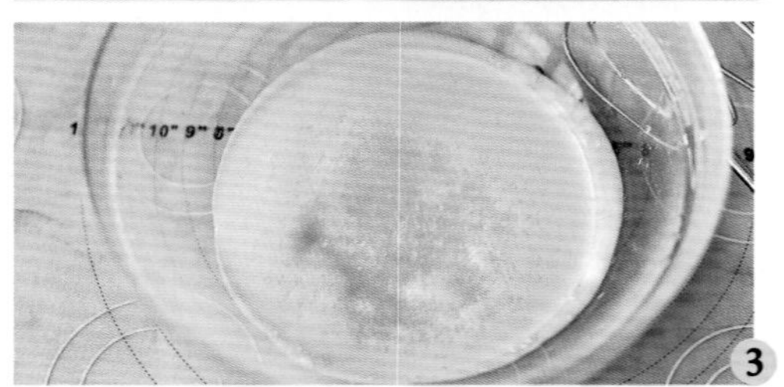

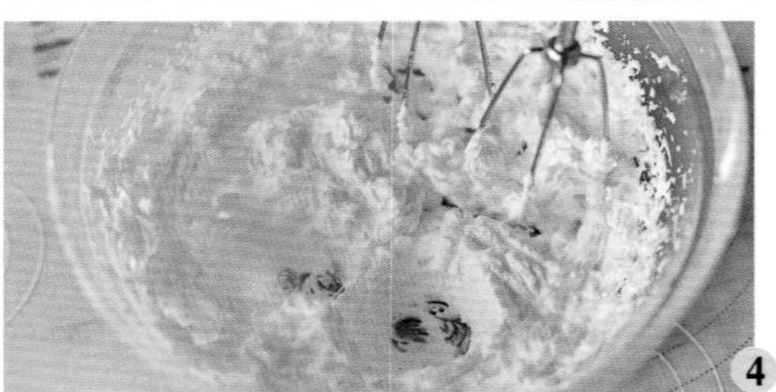

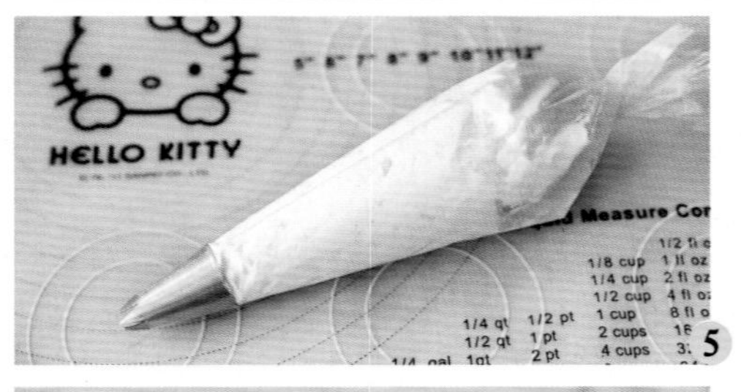

步骤

1. 草莓洗干净，去蒂。冰块等材料也要提前准备好。将饮料部分的所有材料倒入破壁机中，使用冰沙模式进行搅打。
2. 直到变成草莓冰沙奶昔的状态。将草莓冰沙奶昔倒入杯子中，倒入八九分满就可以了。
3. 在淡奶油中倒入细砂糖。
4. 用打蛋器打发到有纹路的状态。
5. 装入裱花袋中。
6. 在倒好的草莓冰沙奶昔上转着圈挤入打发好的淡奶油。挤出雪顶以后表面再筛点草莓粉或者甜菜根粉装饰即可。也可以放点草莓（分量外）装饰。

“婶子碎碎念”

1. 加入冰块一起搅打的时间不要太长，否则冰块就全碎掉了。我用的冰沙模式，最高速搅打了 30 秒。打出来的糊糊口感挺细腻但还有冰沙感，口感刚刚好。

2. 草莓也可以换成杧果、抹茶、咖啡等等，那样就可以做出来不同的口味了。表面装饰用的淡奶油也可以换成豆乳奶盖，做法可参考本书第 102 页。

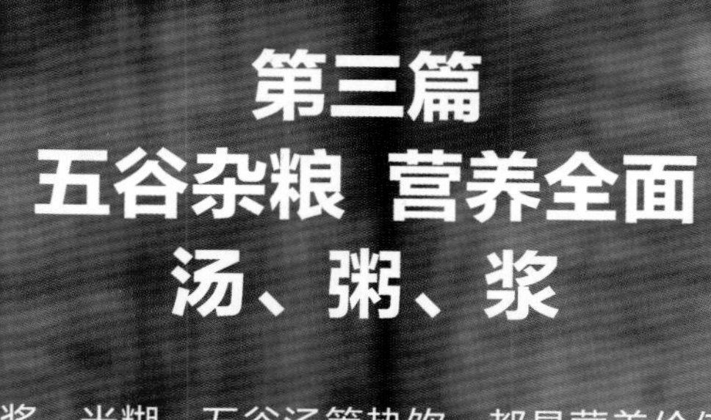

第三篇
五谷杂粮 营养全面
汤、粥、浆

豆浆、米糊、五谷汤等热饮，都是营养价值极高的日常饮品。豆浆含有具有显著保健功能的成分，很早就在民间流传开来。米糊、五谷汤则深受现代人的推崇，可迅速为人体提供能量。

安神莲子豆浆

莲子具有补脾止泻、养心安神、益肾固精的功效。花生仁有助于增强记忆力、抗衰老、延缓脑功能退化。用它们做成的莲子花生豆浆浓滑清甜，还有多种功效。

食材和时间

分量 2 人份

时间 30 分钟（不含浸泡时间）

材料

干莲子……………………15 克
干黄豆……………………30 克
花生………………………20 克
冰糖………………………10 克
干百合……………………5 克
清水………………500 毫升左右

步骤

1. 莲子和黄豆都需要提前泡发。这样做出的浆会更好。
2. 将除了水之外的其他材料倒入破壁机的杯中。加入清水。
4. 开启豆浆模式，大约 25 分钟后结束。做出的就是细腻的豆浆了。

“婶子碎碎念”

莲子需要提前浸泡两个小时，去掉苦芯再用。黄豆泡发后出浆率更高。不喜欢甜的读者可以省略冰糖。

补钙紫菜豆浆

煮豆浆除了讲究成品口感要好，更要注重它的养生功效。这款带着点咸味的紫菜虾皮豆浆就比较适合有骨质疏松症及腿脚易抽筋的人饮用。虾皮的含钙量很高。紫菜含镁量较高，用破壁机打碎后更易于人体吸收。

食材和时间

分量　2 人份

时间　30 分钟（不含浸泡时间）

材料　干黄豆……20 克
紫菜……5 克
虾皮……10 克
水……500 毫升

步骤

1. 黄豆提前泡发好。紫菜、虾皮可以清洗一下。
2. 将所有材料倒入破壁机中。
3. 开启豆浆模式，等待 25 分钟左右，搅打成细腻的豆浆即可。

1

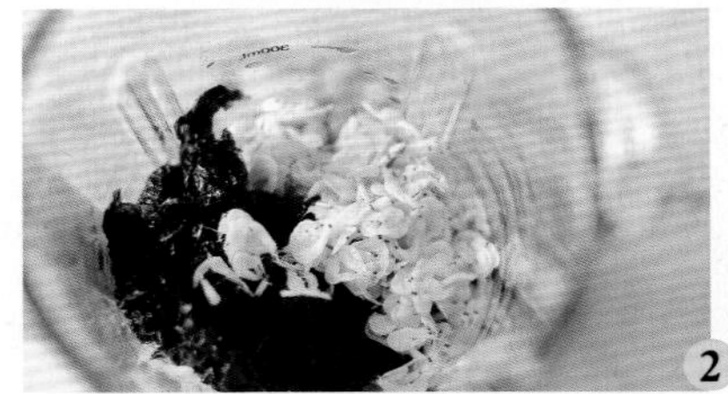

2

3

“婶子碎碎念”

1. 因为加入了虾皮，所以这款豆浆喝起来略有咸味。如果能泡着油条或者油饼吃会更加美味。紫菜也可以换成海带或者是海苔，它们都是具有相似功效的。

2. 注意，皮肤病患者不建议喝这款豆浆，毕竟虾皮和紫菜都属于发物。

降糖山药豆浆

这款喝起来顺滑的豆浆比较适合需要降糖的人饮用。山药有很多膳食纤维，可以推迟胃中食物的排空时间，控制饭后血糖升高，降低血糖。燕麦片和玉米本身也有一定的降血脂、降血压和降血糖的功效，所以用这些食材做的豆浆很适合需要降糖的人饮用。

食材和时间

- 分量 2人份
- 时间 35钟（不含浸泡时间）
- 材料
  - 干黄豆……25克
  - 山药……40克
  - 玉米……20克
  - 燕麦片……15克
  - 清水……500毫升

步骤

1. 山药去皮，切段。黄豆提前泡发，这样出的浆更多。
2. 所有材料倒入破壁机杯中
3. 启动豆浆模式。整个程序需要25分钟左右的时间。
4. 制作结束后就可以倒出来喝了。如果想要成品更细腻还可以再搅打一会儿。

1

2

3

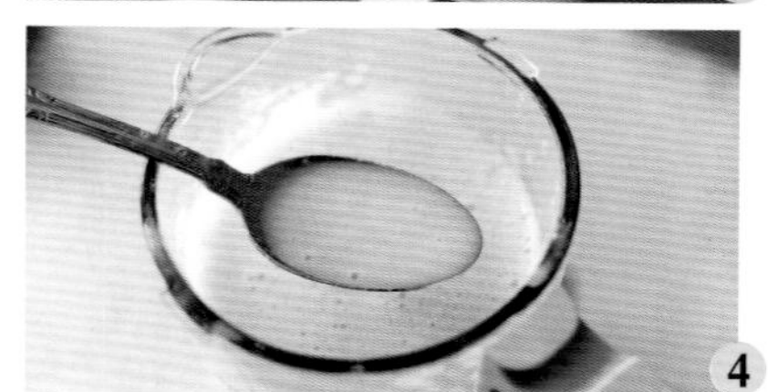

4

“婶子碎碎念”

燕麦片我用的即食的，也可以换成水煮的或者燕麦米。

降压绿茶豆浆

这款降压豆浆是使用了绿茶、薏米和黑豆这三种食材搅打而成的。绿茶水清热解毒，适当饮用能够降低得高血压的风险。黑豆含矿物质较多，可扩张血管，促进血液流通，能一定程度缓解高血压症状。薏米则有比较强的利水、祛湿功效。

食材和时间

分量 2 人份

时间 60 分钟（不含浸泡时间）

材料
绿茶……6 克
干黑豆……35 克
薏米……20 克
冰糖……10 克
清水……500 毫升左右

步骤

1. 薏米用小火炒到微黄后祛湿效果才最好。黑豆提前泡发。将绿茶倒入破壁机中再加入 500 毫升左右的清水，然后选择花茶模式。大约需要 25 分钟。
2. 程序结束后，用滤网将茶叶过滤出来，留下绿茶水煮豆浆。将绿茶水和薏米、黑豆、冰糖一起放进破壁机中，选择豆浆程序。大约需要 25 分钟。程序结束后就得到很细腻并且有茶香味的豆浆了。

“婶子碎碎念”

如果破壁机没有加热功能，可以先将绿茶用小锅煮出茶水来再过滤使用。

降脂山楂豆浆

这款加入了山楂干的豆浆口感有些微酸带甜，十分开胃，比较适合血脂异常的人饮用。将可调节脂质代谢、软化血管的荞麦米，配上能够降低血液中胆固醇含量的山楂一起做成豆浆长期饮用，有益健康。

食材和时间

分量 4 人份

时间 30 分钟（不含浸泡时间）

材料

荞麦米……30 克
山楂干……15 克
干黄豆……40 克
清水……900 毫升左右
冰糖……15 克

1

2

3

4

步骤

1. 黄豆提前泡发。山楂干清洗干净。荞麦米浸泡 2 小时。
2. 所有材料倒入破壁机杯中。
3. 启动豆浆模式。整个程序大约需要 26 分钟时间。
4. 程序结束后，就得到细腻的豆浆了。

“婶子碎碎念”

如果使用预约功能，可以提前将干黄豆、荞麦米、山楂干等放入杯子中，加入水浸泡。如果时间来不及也可以将所有材料洗干净后直接制作。

南瓜百合豆浆

古人认为南瓜为补血之妙品。其补血功效除了靠其中含有的铁元素之外，还要靠其中的叶酸、维生素 B_{12}、锌元素和钴元素。它们都是构成血液或促进红细胞合成的物质。和黄豆一起煮成的豆浆，可以调理“三高”，提高机体免疫力。

食材和时间

分量 3 人份

时间 40 分钟（不含浸泡时间）

材料

南瓜……40 克
枸杞……10 克
百合……5 克
干黄豆……30 克
清水……500 毫升

步骤

1. 南瓜去皮切小块。黄豆最好提前泡发，这样出的浆多一些。百合、枸杞清洗一下，沥干水。
2. 所有材料倒进破壁机里。
3. 启动豆浆模式等待程序结束。整个程序大约需要 30 分钟。
4. 做好的南瓜豆浆口感非常细腻。

1. 如果破壁机不带加热功能，就将所有材料都打成细腻的浆后，用锅加热煮熟。

2. 这款豆浆有点甜，就不用加糖了。

扫码看视频

解暑菊花绿豆浆

绿茶清热解毒，止渴消暑。菊花则散风清热，消除疲劳。两者搭配做成的豆浆可以清热健脾、补血益气。

食材和时间

分量 3 人份

时间 30 分钟（不含浸泡时间）

材料 绿豆……60 克
胎菊……3 克
黄菊……4 克
白菊……6 克
热纯净水……700 毫升
糖……1 勺

步骤

1. 绿豆需要提前浸泡两个小时以上。
2. 三种干菊用 80℃左右的纯净水先浸泡半个小时。
3. 泡好的菊花水用滤网将菊花过滤出来，只留水使用。
4. 将菊花水放到破壁机杯体中，再倒入提前泡好的绿豆。
5. 开启豆浆模式。整个程序大约需要 26 分钟。
6. 做好的绿豆豆浆已经很细腻了，马上放入糖调味。夏天时放凉后饮用，清凉解渴。

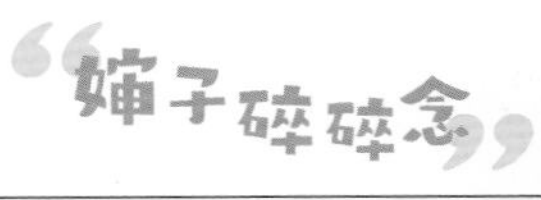

你也可以只用一种菊花来泡水。过滤出来的菊花可以留着继续泡茶。这款豆浆清热解暑，但脾胃虚寒者最好不要过度饮用。

养颜红豆浆

在种类繁多的豆浆中，颜色偏黑的豆浆一般能滋肾乌发。使用红色食材做出的豆浆则有养颜补血效果。这款用红豆、红枣和桂圆肉熬煮的豆浆，常喝可以益气补血，让人气色红润，是很适合女性读者补血养颜的佳饮。

食材和时间

分量 2 人份

时间 30 分钟（不含浸泡时间）

材料
干红豆……20 克
干黄豆……20 克
红枣……8 ~ 9 个
桂圆……4 ~ 5 个
清水……500 毫升

步骤

1. 红豆和黄豆都提前泡发，这样打出来的豆浆好喝。如果你的机器有预约功能也可以头一晚将干豆放进去，加水，这样第二天做的时候也就泡好了。将红枣去核，桂圆去核。
2. 所有材料放到破壁机里。
3. 选择豆浆模式。整个程序大约需要 26 分钟。
4. 程序结束后，有着枣香味和甜味的养颜豆浆就做好了。

打豆浆时最好将干豆泡一泡再打，因为泡豆不但有利于营养物质被人体吸收，还可以提升豆子的出浆率和豆浆的口感。室温下泡豆 8 ~ 10 小时即可。天气热的时候可以放冰箱里冷藏浸泡。

止泻豌豆米豆浆

豌豆本身富含人体所需的多种营养物质，对缓解腹泻有很好的效果。糯米和小米又可补益中气，健脾养胃，也能够对脾虚引起的腹泻起到预防作用。

食材和时间

分量 2 人份

时间 30 分钟（不含浸泡时间）

材料

豌豆……………………………30 克

糯米……………………………10 克

小米……………………………15 克

冰糖……………………………10 克

清水……………………500 毫升左右

步骤

1. 提前将小米、糯米浸泡 30 分钟。
2. 所有材料放入破壁机杯中。
3. 启动豆浆模式。大约需要等待 26 分钟。
4. 结束后就得到细腻的豆浆了。如果想渣子更少可以再高速搅打十几秒。

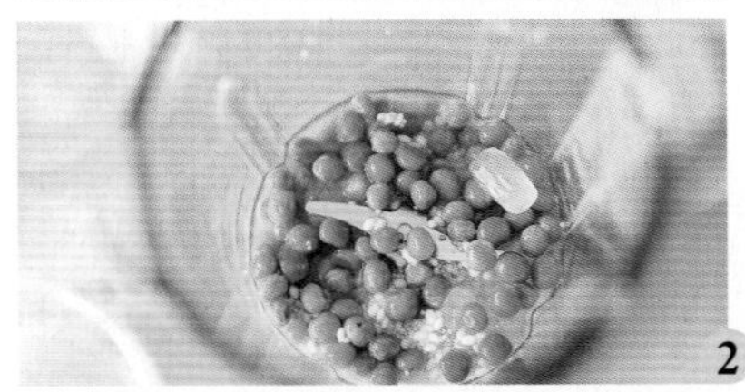

“婶子碎碎念”

1. 如果破壁机没有加热功能，可以将所有材料先打成细腻的豆浆后再用锅熬煮到熟。

2. 糯米、小米最好能提前浸泡 30 分钟，如果实在来不及也可以直接制作。

乌发黑豆浆

黑豆和黑芝麻都有着补肾养发的功效。特别是黑芝麻，富含多种营养，对早衰导致的脱发有很好的疗效。搭配有补肾养血效果的黑米一起做成的豆浆，常喝可以起到乌发、养发的功效。

食材和时间

分量 3 人份

时间 30 分钟（不含浸泡时间）

材料

干黑豆……35 克

黑米……30 克

黑芝麻……25 克

水……1000 毫升

步骤

1. 黑豆提前用清水泡发。黑米也最好浸泡半小时以后再用。
2. 所有材料都倒入到破壁机中。开启豆浆模式。大约需要 26 分钟。
3. 打出的黑色的豆浆已经很细腻了。

“婶子碎碎念”

1. 想要更纯口感的，也可以过滤下再喝。过滤出来的豆渣可以做粗粮版的豆渣馒头。做法详见本书的第 209 页。

2. 黑芝麻不建议放太多，否则易发苦。打出来后你可以根据自己的喜好添加白糖或者蜂蜜调味。

巧克力豆浆

普通豆浆喝久以后有些腻，就想变个花样。比如加点巧克力进去一起熬煮，就能得到口感浓郁的可口热饮了。豆浆里融合了巧克力的香甜。它真是一款很不错的饮品。

食材和时间

分量 3 人份

时间 10 分钟

材料 豆浆……500 克
糖粉……25 克
可可粉……3 克
黑巧克力……50 克

步骤

1. 用破壁机提前将豆浆做好，我用了 30 克干豆加 500 毫升清水做的。准备好其他材料。
2. 将 200 克豆浆倒进小锅，然后放入黑巧克力，用中火加热，一边加热一边搅拌到巧克力化开。
3. 筛入可可粉再充分搅拌。
4. 将剩下的豆浆倒进去继续搅拌，最后加入糖粉调味，拌匀至化开就可以关火了。

先倒入小部分的豆浆混合黑巧克力搅拌，能更好地将两者融合。没有可可粉就不用加了。糖粉很快就溶于水了，所以最后加。如果是用细砂糖可以跟可可粉一起倒入。

豆浆菌菇汤

豆浆富含蛋白质和钙，还有丰富的维生素，简直就是最便宜的营养品。用豆浆做的汤比普通汤更为浓稠，特别是加入盐和少许调味料后，那乳白色的汤汁很像用鲫鱼熬煮很久做出的鱼汤一样，味道浓郁。再加点时蔬、菌菇进去一起煮，做出的汤有浓郁的豆香味，再加上菌菇的鲜味，十分鲜美。

扫码看视频

食材和时间

分量 3 人份

时间 50 分钟（不含浸泡时间）

材料

干黄豆……………………………80 克
清水…………………………800 毫升
白玉菇…………………………1 小把
香菇…………………………4 ~ 5 朵
杏鲍菇…………………………半根
胡萝卜片……………………7 ~ 8 片
小油菜…………………………一小把
盐…………………………………3 克
自制味精…………………………1 克
（做法见本书第 114 页）
葱花……………………………少许

步骤

1. 将 80 克干黄豆提前泡发，和水倒入破壁机中。开启豆浆模式。
2. 程序结束后就得到细腻的豆浆了，放在一边备用。
3. 杏鲍菇切片。香菇去蒂，切十字花。胡萝卜片切花。油菜和白玉菇洗净。
4. 将豆浆倒入锅中开小火加热，然后放入杏鲍菇、香菇、白玉菇和胡萝卜炖煮 2 ~ 3 分钟。煮制期间要搅拌，避免糊底。
5. 将小油菜放进去煮 1 分钟，倒入盐和自制味精，拌匀略煮，加葱花就可以出锅了。

“婶子碎碎念”

你也可以换其他菌菇或时蔬进去煮。豆浆在煮的时候要注意搅拌，避免糊底。我用了盐和自制味精调味，它们会提升豆浆菌菇汤的鲜味。你不想自己做自制味精也可以用市售鸡精或者浓汤宝、高汤等来增添风味。

菜花培根浓汤

这款菜花培根浓汤用的食材很简单，只用菜花、培根、洋葱再加一点牛奶，做出的味道就很浓郁了。它的味道很像星级餐厅里的汤的味道。

食材和时间

分量 3 人份

时间 30 分钟

材料

菜花........................... 150 克
土豆........................... 100 克
洋葱............................. 20 克
牛奶........................... 250 克
培根............................... 2 片
清水........................ 500 毫升
黄油............................. 15 克
盐 .... 3 克
黑胡椒粉 .... 1 克

步骤

1. 菜花洗净，掰小块。洋葱切丝。土豆去皮，切块。平底锅加热，放入黄油，黄油化成液态后放入洋葱翻炒出香味。放入培根翻炒到颜色变深。
2. 将炒好的洋葱、培根，还有土豆、菜花、牛奶、清水等都倒入破壁机中，再放入盐和黑胡椒粉，启动浓汤模式开始熬煮，大约煮 20 分钟。煮好以后再使用搅拌模式，搅打 20 秒左右，至变成细腻的浓汤即可。

1

2

“婶子碎碎念”

破壁机如果没有加热功能，可以将所有材料做熟了以后再加入牛奶，放入破壁机中搅打。

别看豌豆个头小小的，其实它含有大量的膳食纤维，可以促进肠胃的蠕动，帮助消化。和芦笋一起熬的这碗翠绿色的浓汤，颜色诱人，口味清新有回味。

食材和时间

分量 4 人份

时间 30 分钟

材料
豌豆……150 克
芦笋……100 克
淡奶油……170 克
清水……350 毫升左右
盐……3 克
黑胡椒粉……1 克

步骤

1. 提前将材料都准备好，芦笋去掉根部比较老的部分。所有材料都倒入破壁机中。
2. 开启玉米汁模式，等待 26 分钟左右。程序结束后，所有材料就变成淡绿色的、口感醇厚的浓汤了。

豌豆芦笋浓汤

“婶子碎碎念”

用玉米汁模式制作奶油浓汤很合适。将材料直接放进去，先煮后打。如果你的破壁机没有这个模式，也可以先用浓汤模式把淡奶油之外的材料熬煮 15 分钟，再倒入淡奶油高速搅打至变成细腻状。如果你的破壁机不带加热功能，也可以将所有材料都煮熟再搅打。

1

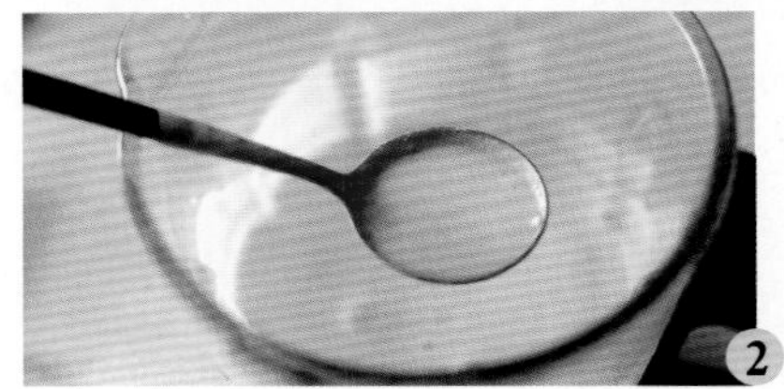
2

扫码看视频

南瓜小米海参汤

海参营养价值较高，但因为本身的味道较寡淡，所以最好是放到各种汤粥里一起做，这样才比较入味。有了破壁机后，我们就可以做以南瓜和小米为底的金汤了。它熬出来的汤的颜色是黄澄澄的。一口下去，绵润入喉，非常养胃。

食材和时间

分量 4 人份

时间 40 分钟（不含浸泡时间）

材料
小米..............................60 克
南瓜............................150 克
清水......................1000 毫升
海参................................4 个
枸杞..............................15 克
盐....................................4 克
自制味精..........................1 克
（做法见本书第 114 页）

步骤

1. 南瓜切小块。小米提前清洗干净。海参也提前泡发好，清洗干净。将南瓜放到破壁杯中，倒入清水。启动果蔬汁模式开始搅打，南瓜会变成很细腻的南瓜汁。
2. 将洗干净的小米倒进去，然后启动煮粥模式，大约需要 26 分钟。程序结束后就得到很浓稠的南瓜小米粥了。
3. 将粥倒入锅中一边搅拌一边加热。倒入提前清洗干净的枸杞。倒入盐和自制味精调味。
4. 将提前泡发好的海参也放进去，一边搅拌一边加热煮 4 ~ 5 分钟就可以了。

“婶子碎碎念”

1. 泡发好的海参煮 4 ~ 5 分钟就可以了，这样营养不会流失太多，吃起来的口感也好，所以要最后再加。枸杞也是稍晚一些放，因为破壁机煮粥模式有搅拌功能，所以一开始就放的话，煮完后就看不到完整的枸杞了。

2. 带有熬粥模式的破壁机可以将南瓜打成汁后放入小米直接煮。如果你的破壁机没有加热模式就先将南瓜打成汁再加小米一起用锅煮即可。

扫码看视频

浓香玉米汁

饭店里的玉米汁香浓丝滑很可口，但是价格不便宜。其实在家里也能做出这么好喝的玉米汁，只需要加一些米饭进去就行了。

食材和时间

分量 2 杯

时间 35 分钟

材料 水果玉米……1 根
熟大米……50 克
牛奶……250 克
清水……350 毫升
冰糖……25 克

“婶子碎碎念”

1. 如果你的破壁机不能加热，可以将玉米粒煮熟后加入牛奶和水直接打成玉米汁。冰糖可以换成细砂糖或者绵白糖，也可以加入蜂蜜。

2. 来不及煮大米的读者也可以直接用生大米做。但大米最好提前泡一泡，要不然做出来的玉米汁的渣子会很多。

3. 破壁机转速够快的话，打完后的玉米汁已经很细腻了。如果机器转速低，建议还是将玉米汁过滤下再喝。过滤后的玉米渣我们可以用来做玉米饼或者玉米吐司。我用它做了玉米芝士球，教程可以参考本书第 298 页。

步骤

1. 做玉米汁建议用水果玉米，做出的成品最好喝。玉米处理干净后对半切开。开始往下掰玉米粒吧。一根玉米差不多能掰 200 克玉米粒。我们做两杯汁够用了。其他材料也都准备好。大米一定要用煮熟的，这样打出来的汁才香浓顺滑。
2. 将 200 克玉米粒、熟大米和冰糖放到破壁机中。倒入牛奶，再加入清水。启动玉米汁模式，整个程序大约需要 26 分钟。
3. 程序结束后，香浓的玉米汁就做好了。

1

2

3

羊肉山药汤
扫码看视频

对“懒人”来说，破壁机的炖汤功能是很实用的。不需要盯着锅，不怕水烧干，也不用因为怕煳底而搅拌。只需要将材料洗好放进去，程序结束后就可以喝到热乎乎的汤了。特别是这道山药羊肉汤，既可以温补又能够去寒气。预约好以后等着喝就可以了。

食材和时间

分量 2 人份

时间 90 分钟

材料

羊排肉……150 克
胡萝卜……小半根
铁棍山药……半根
玉米段……3 段
姜片……2 片
葱段……3 段
清水……1000 毫升
盐……少许

步骤

1. 锅中放入葱段、姜丝、水（分量外），烧到沸腾，放进切好的羊排肉焯水，撇去白色浮沫后捞出来。胡萝卜切小块。山药去皮，切小块。将胡萝卜、山药和羊排及玉米段一起放进破壁机的杯子里。加 1000 毫升清水。
2. 选择养生煲模式。整个程序大概需要 78 分钟。
3. 程序结束后就会闻到很浓郁的羊肉汤香气了。这时候可以加点盐调味，舀出来就可以喝啦。

“婶子碎碎念”

1. 这个羊肉汤适用于有加热功能的破壁机。如果机器没有加热功能就用锅炖煮。如果是给需要吃流质食物的人食用，也可以煮好以后使用搅打模式将其打成糊糊，那就做成山药羊肉浓汤了。

2. 炖汤是不需要搅打的，所以使用炖煮功能即可。我选择的养生煲模式默认时间是 78 分钟。你可以根据想要的口感，自行选择炖煮的时间。

3. 炖这款汤不要一开始就放盐，炖好之后再加点盐即可。

1

2

3

滋补四红汤

这碗四红汤是咱们老祖宗留下来的一味补气、补血还养颜的汤羹。所谓四红，传统上是指红枣、红豆、红衣花生、桂圆这四种食材，后来又加上了枸杞、红糖等食材，但依然沿用了“四红”的名称。它汤色红亮，具有补血等功效，特别适合女性食用。

食材和时间

分量 3 人份

时间 80 分钟（不含浸泡时间）

材料
红豆……60 克
花生……40 克
桂圆……7 ~ 8 个
红枣……5 个
黑糖……1 块（大约 15 克）
枸杞……10 克
纯净水……1200 毫升左右

步骤

1. 红豆和花生、枸杞提前洗干净，浸泡一晚。将桂圆肉剥出来，红枣去核。所有食材倒进破壁机杯子内。
2. 开启养生煲模式，整个程序大约需要 78 分钟。程序结束后，红豆和花生都熬煮得比较软烂了。

婶子碎碎念

汤里面有红枣和桂圆的甜味了，所以只加了一小块黑糖，成品就已经很甜了。

红糖米乳

爱喝米糊的小伙伴一定要尝试一下这款红糖米乳。做完后筛点可可粉，居然喝出来少许巧克力奶的感觉。入口柔，一线喉，可能说的就是这种感觉吧。它属于成本不高却温润养胃的饮品。

食材和时间

分量 2 人份

时间 35 分钟（不含浸泡时间）

材料

大米……………………………15 克
糯米……………………………15 克
红糖……………………………15 克
牛奶……………………………200 克
清水……………………………150 毫升
可可粉（选用）………………少许

步骤

1. 大米、糯米提前浸泡 30 分钟。和红糖一起放入破壁机中。
2. 加入牛奶和清水，选择米糊模式。整个程序大约需要 30 分钟。时间结束就得到浅咖啡色的细腻米糊了。喝之前可以筛入少许可可粉，拌匀后味道更好。

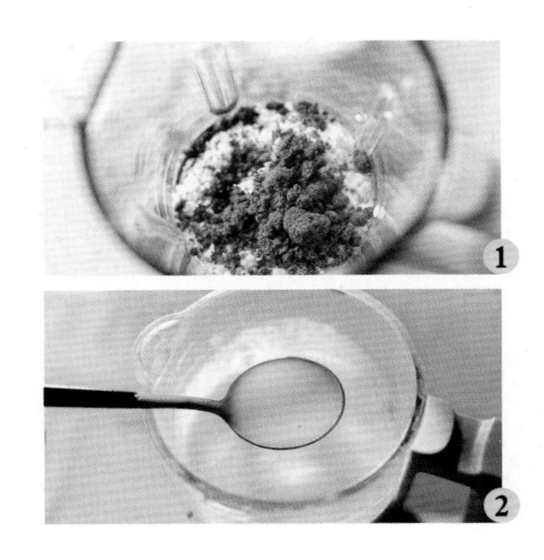

“婶子碎碎念”

1. 想省事的读者可以一开始就把牛奶放进去煮，但这样会使营养流失一些。你也可以煮好以后再放进牛奶一起拌匀。喝之前筛入少许可可粉会提升这款米乳的风味和口感。

2. 如果破壁机没有加热模式，就将大米、糯米还有红糖加 150 毫升清水打成细腻的米糊糊后用锅煮熟，最后几分钟倒入牛奶搅拌均匀即可。

去火蒲公英米浆

爱吃油炸、辛辣食物的读者难免会上火，出现口腔溃疡。这款用绿豆和蒲公英茶水煮的大米浆比较适合有嗓子上火和扁桃体发炎症状的患者饮用。

食材和时间

分量 2 人份

时间 60 分钟（不含浸泡时间）

材料

绿豆	40 克
大米	15 克
蒲公英茶	15 克
冰糖	15 克
清水	500 毫升左右

步骤

1. 绿豆和大米都提前浸泡 1 小时，这样打出来的浆更细腻。将蒲公英茶和清水倒入破壁机中，选择花茶模式或者加热模式，煮 15 ~ 20 分钟后用滤网将茶水过滤出来。
2. 将茶水和绿豆、大米、冰糖都倒入破壁机中。选择米糊模式。整个程序大约需要 25 分钟。

“婶子碎碎念”

蒲公英茶清热解毒，还能缓解各种内痛。但并不是所有人都适合喝蒲公英茶的。首先是血压较低的人最好不要饮用，因为它具有降压的功效。其次，少数人服用蒲公英茶水后身体会过敏。最后，蒲公英茶性寒，所以体质阴寒者也不要多喝。

红枣核桃酪

养颜又健脑的红枣核桃酪，可是传统的养生甜品。它的做法并不复杂，特别是有了破壁机后制作更加方便，把材料丢进去让机器自己做就好了。

食材和时间

分量 2 人份

时间 45 分钟（不含浸泡时间）

材料

核桃仁……60 克

红枣……40 克

糯米……30 克

水……500 毫升

冰糖……10 克

步骤

1. 糯米需要提前浸泡 1 小时以上。红枣去核。核桃仁洗干净，在锅中用小火炒香后会更好。
2. 将所有材料倒入破壁机中。使用米糊模式，大约等待 30 分钟，程序结束后就得到细腻顺滑的核桃酪了。

1

2

“婶子碎碎念”

1. 如果你的破壁机没有加热功能，也可以先打成细腻的核桃红枣糯米浆，放入锅里煮熟即可。中途要经常搅拌，避免糯米煳底。

2. 糯米也可以不浸泡，直接倒进去，但要多搅打一会儿，这样会让口感更细腻。

扫码看视频

双米芝麻糊

小时候妈妈经常会买那种袋装的南方黑芝麻糊回来给我当早餐。现在学会自己做了，顿时就觉得小时候喝的不香啦。芝麻糊的做法很简单，但想丝滑又香浓还是要加入黑米和糯米一起打才行。这样做的芝麻糊，营养也会丰富一些。

食材和时间

分量 2 人份

时间 40 分钟（不含浸泡时间）

材料
黑米……………………………20 克
糯米……………………………20 克
黑芝麻…………………………50 克
冰糖……………………………15 克
清水…………………………500 毫升
装饰用坚果……………………少许

步骤

1. 黑米和糯米需要提前浸泡 1 小时。
2. 黑芝麻如果用生的，需要放到锅里用小火炒香后使用。
3. 将所有材料倒入破壁机中。开启米糊模式，整个程序大约需要 30 分钟。
4. 打好的芝麻糊已经很细腻了。放一点坚果点缀。如果想口感更细腻可以再执行一遍果蔬模式。

1. 黑芝麻提前炒香做成的芝麻糊才好喝。没有黑米也可以全部用糯米，糯米可以增加芝麻糊的浓稠香滑的口感。

2. 如果你的破壁机没有加热功能，也可以将所有材料打成细腻的糊糊后用小锅煮熟，但注意煮的时候需要常搅拌，避免淀粉煳底。

黄芪抗衰粥

用黄芪熬粥的方法，古已有之。在苏轼的诗中，就曾提到过他在大病初愈时喝黄芪粥来补气的事情。这款黄芪粥在强身健体的同时，还有着益气补中的作用。加入薏米、莲子还有枸杞等材料一起熬煮，做出的成品还有抗衰的效果。

食材和时间

分量 3 人份

时间 60 分钟（不含浸泡时间）

材料

薏米	30 克
莲子	30 克
绿豆	30 克
红枣	15 克
枸杞	10 克
白芸豆	30 克
黄芪	30 克
清水	1000 毫升

步骤

1. 薏米需要提前用小火炒到微黄后使用。
2. 红枣去核，莲子、薏米和绿豆、白芸豆都要提前浸泡，这样煮粥的时间可以缩短。莲子需要去掉苦芯后再用。
3. 破壁机中倒入黄芪，加入清水。使用机器的加热功能，煮 20 分钟左右。
4. 煮好的黄芪水是淡黄色的，用过滤网把黄芪渣过滤出来。
5. 将过滤好的水重新倒入破壁机中，倒入炒黄的薏米、去芯的莲子、去核的红枣、枸杞，还有提前浸泡过的绿豆、白芸豆。
6. 启动煮粥模式，等待 30 分钟左右即可。

1

2

3

4

5

6

1. 黄芪提前熬煮 20 多分钟，再取煮出来的水熬粥，其中的营养更容易被人体吸收。

2. 如果想让煮出来的豆子比较完整，可以使用养生煲模式或者单独的加热功能。

山药牛奶粥

这是一款非常养胃的粥。特别是山药打碎后的口感很顺滑。加点红枣进去一起煮，更可以补气、补血，提高身体免疫力。

食材和时间

分量 2 人份

时间 80 分钟（不含浸泡时间）

材料 铁棍山药.............................80 克

大米..................................80 克

牛奶................................250 克

红枣..............................5 ~ 6 颗

清水.............................700 毫升

步骤

1. 山药去皮后切小块。大米提前泡一泡。红枣去核。
2. 将山药和大米倒入破壁机里，再倒入牛奶和清水，加入红枣。
3. 启动煮粥模式。使用煮粥模式时，可以间歇性地用一挡搅拌，这样可以避免大米煳底。
4. 煮到最后能看到粥已经变得很浓厚了。
5. 打开盖子，看到里面已经变成顺滑的大米牛奶粥了。

“婶子碎碎念”

1. 大米和山药按照 1 ： 1 的比例使用即可。加山药进去可以让这款粥味道更香浓，也更有营养。

2. 如果你的机器没有煮粥模式，就提前将山药加水打成山药浆，然后和大米、牛奶混合后用锅煮。

3. 铁棍山药本身就有甜味，所以我没有加糖。喜欢甜味可以加点糖。

雪燕莲子玫瑰羹

雪燕含有丰富的多糖，但价格却很“亲民”。泡发好以后和莲子一起煮，非常适合女士食用。

食材和时间

分量 2人份

时间 30分钟（不含浸泡时间）

材料

- 雪燕……4克
- 莲子……15克
- 红枣……4～5颗
- 枸杞……8克
- 干玫瑰……4～5朵
- 冰糖……10克
- 清水……400毫升左右

扫码看视频

步骤

1. 雪燕提前浸泡 20 小时以上到没有硬心的状态。中途可以换几次水滤去杂质。
2. 图中是已经泡好的雪燕，体积膨大了很多，能拉丝了。
3. 用滤网将泡好的雪燕过滤出来。莲子提前浸泡好，去掉苦芯。红枣去核。
4. 所有材料倒入破壁机杯中，加入清水。
5. 启动花茶模式，整个程序大约需要 20 分钟。注意，雪燕在烹煮时会产生很多泡沫，所以不要加太多水，中途也要看一下，避免泡沫溢出。

1. 雪燕浸泡后会膨胀 30 ~ 50 倍，所以浸泡的时候可以多放些水。要浸泡到可以拉丝需要 20 小时以上，中途换几次水洗去杂质。

2. 雪燕适合隔水炖，这样不会化开且营养不易流失。如果直接煮，时间过长容易化开。所以用破壁机煮的话可以选择养生煲或者是花茶、炖煮模式，时间为 20 分钟即可。

3. 煮雪燕的时候产生的泡沫较多，所以加水量不宜太多。我这次只加到了杯体的一半，这样就不会有泡沫溢出，但再加多一点就可能会溢出了。

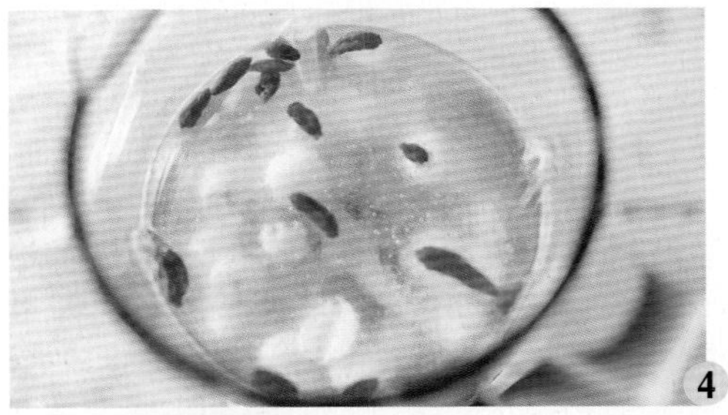

薏米银耳羹

这碗薏米银耳羹有清热润燥的功效。加些枸杞一起煮，做出的成品还可以消除疲劳。特别是夏天燥热时，肠胃不好又想喝汤的、爱美的女士们可以经常食用。

食材和时间

分量 3 人份

时间 80 分钟

材料

薏米……70 克

枸杞……10 克

花生……40 克

泡发后的银耳……100 克

冰糖……20 克

清水……1000 毫升

步骤

1. 薏米、花生、枸杞都提前清洗，沥干水。
2. 将所有材料倒入破壁机杯中。
3. 启动机器的养生煲模式。整个程序大约需要 78 分钟。
4. 程序结束后，银耳羹就煲好了。

“婶子碎碎念”

这个做法适合有养生煲或者是煮粥模式的破壁机，但加水不要超过杯中的热饮最高线，因为煮银耳的时候会产生很多泡沫。炖煮的时间需要 1 小时以上，这样银耳才容易出胶。

芋头莲藕羹

加了芋头和干桂花的莲藕羹，既可以清热去火，还可以让人喝出好气色。说来也奇特，莲藕汁通过加热搅拌的方式会慢慢变得浓稠。经常喝藕羹不但可以让人保持肌肤光泽，促进新陈代谢，还可以防止皮肤干燥。

食材和时间

分量 一锅

时间 30 分钟

材料 芋头……………………200 克

莲藕……………………150 克

清水……………………1000 毫升

冰糖……………………50 克

干桂花……………………2 克

步骤

1. 芋头去皮，切小块。锅里加清水（分量外）和 30 克冰糖，放入芋头开始熬煮，煮到芋头变软并有少许甜味后捞出备用。
2. 莲藕去皮，切丁，倒入破壁机中，再倒入清水，然后启动果蔬模式搅打。
3. 打成细腻的糊糊后用滤网过滤掉莲藕渣，留下比较纯净的藕汁。
4. 将藕汁倒入锅中，倒入 20 克冰糖开始加热。
5. 温度升高后，不断搅拌，藕汁会渐渐变得有些黏稠。
6. 倒入刚才煮好的甜芋头块搅拌均匀，再倒入干桂花继续搅拌，煮 1 ~ 2 分钟就可以出锅了。

“婶子碎碎念”

1. 芋头需要提前用糖水煮熟了再和莲藕汁一直熬煮，否则容易不熟。

2. 藕渣要过滤掉，煮出来的藕羹口感才会顺滑。因为藕汁里淀粉比较多，所以熬煮的时候记得经常搅拌，避免煳底。如果想喝比较稠的藕羹，可以少放些清水。用配方里的材料，煮出来的藕羹口感比较顺滑清爽。

奶盖豆乳茶

喝这杯豆乳茶需要一个仪式，要先吃后喝。先让黄玉丸子在杯子里滚上一圈，蘸上豆粉和奶盖，更美味。

食材和时间

分量 3 杯

时间 50 分钟

材料

黄玉丸子材料：

糯米粉……55 克

熟黄豆粉……20 克

细砂糖……15 克

温水……50 毫升

豆乳奶茶材料：

豆浆……250 克

牛奶……200 克

细砂糖……25 克

阿萨姆红茶……10 克

奶粉……10 克

豆乳奶盖材料：

豆浆……60 克

奶油奶酪……60 克

淡奶油……120 克

细砂糖……25 克

装饰材料：

熟黄豆粉……少许

扫码看视频

步骤

制作黄玉丸子

1. 将糯米粉、熟黄豆粉、细砂糖混合，然后倒入温水。
2. 团成一个光滑的面团后，按照 12 ~ 13 克一个的标准分割，团成丸子状。
3. 用小锅将水（分量外）烧开，倒入搓好的黄玉丸子，煮到丸子都浮起来。放到凉水里泡一下，避免粘连。
4. 捞出来，按照 3 个或者 4 个一组的标准穿成串备用。

制作豆乳奶茶

1. 将材料都准备好。
2. 将所有豆乳奶茶材料都倒入破壁机中混合。启动花茶模式，整个程序大约需要 20 分钟。
3. 煮完后不用急着打开，再闷 10 分钟左右让红茶入味。
4. 用滤网将煮好的豆乳茶过滤出来备用。

制作豆浆奶盖及完整成品

1. 将材料都准备好。奶油奶酪提前软化，切小块。
2. 将所有的奶盖材料都倒入破壁机中充分搅拌均匀，大约搅拌 40 秒。
3. 材料会变成比较厚的糊糊状。这就是过一会儿要用的奶盖了。
4. 在杯子中倒入适量的豆乳奶茶，再舀入足量的豆乳奶盖。奶盖刚舀进去的时候会略有下沉，继续往里放，将面上都填满，别露出下面的奶茶。
5. 三杯都做好后，放上刚才串好的黄玉丸子，表面再筛上少许熟黄豆粉装饰就可以了。

1. 黄玉丸子我用熟黄豆粉加糯米粉做的，它要比单纯用糯米粉做的更香、更好吃。自制熟黄豆粉和糯米粉的做法可以参考本书的第 126 页和第 112 页。

2. 大部分有加热功能的破壁机的底盘是不锈钢的，所以煮豆乳奶茶时不建议使用，容易煳底。大家可以换小锅熬煮，一边煮一边搅拌。我这个机器用的是不粘涂层的底盘，煮完后也会粘底，但轻轻一刷就掉了。如果换成不锈钢底盘的机器就比较难清理了。

3. 制作奶盖需要将淡奶油和奶油奶酪都打发一下才能产生比较厚的口感。做出来的成品方便浮在奶茶上。用破壁机的搅拌功能搅拌 30 ~ 40 秒，看到体积有些膨大了就可以了。

步骤

1. 所有材料都准备好。倒入破壁机杯中。
2. 使用花茶模式开始煮茶，也可以单独使用加热程序，时间为 20 分钟。
3. 煮好的牛蒡茶颜色会变成琥珀色，口感是有点微甜的。

牛蒡枸杞菊花茶

牛蒡以前是王公贵族的专享品，现在成为寻常百姓家常备的一种食材了。它香味怡人，无论是泡茶、做菜，还是做汤都十分适合。牛蒡可以单独泡茶喝也可以和菊花搭配。这款牛蒡菊花茶清热排毒，放一点儿枸杞进去还滋肾养阴。

食材和时间

分量 2 杯

时间 25 分钟

材料

- 干牛蒡片……12 克
- 枸杞……15 克
- 白菊花……5 朵
- 黄菊花……5 朵
- 清水……500 毫升

“婶子碎碎念”

1. 我直接用的干牛蒡片。也可以买新鲜的牛蒡，切片后将它烘干泡茶喝。

2. 泡牛蒡茶时最好不要过分清洗，以防营养成分流失。低血压患者就不要饮用牛蒡茶了，防止出现血压过低的现象。

养生姜枣茶

姜枣茶是很多中医推荐的茶饮，也是做法简单的养生保健茶。常喝姜枣茶可以提高人体的抵抗力，预防感冒，还能暖身健脾胃，温经络，安神补血。从立夏开始一直喝到三伏的头一天，整个夏天会好过很多。

食材和时间

分量 2 人份

时间 40 分钟

材料 去皮生姜............................20 克

红枣....................................30 克

枸杞......................................8 克

红糖....................................10 克

纯净水.......................... 500 毫升

步骤

1. 生姜去皮，切片。红枣去核。枸杞可以先洗一下。
2. 将所有固体材料都倒入破壁机杯中。
3. 倒入纯净水。
4. 启动米糊模式。整个程序大约需要 30 分钟。
5. 程序快结束时，能看到里面的材料基本都被打碎了。
6. 图中是煮好的茶，它的味道很浓郁。

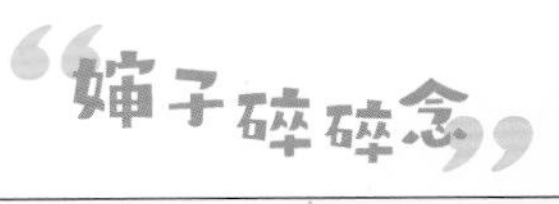

1. 如果不太能吃姜可以少放点，这个配比熬出来的汤味道比较浓郁。

2. 用米糊模式做出来的姜枣茶就是材料都被打碎的样子，更利于吸收。如果用花茶模式或者养生煲模式煮出来的就是食材完整的样子了。

3. 这款养生姜枣茶建议清晨饮用，益气补血，美容养颜。下午和晚上就不适合喝了，特别是下午 3 点后喝会影响睡眠的。

古法酸梅汤

“酸梅汤”其实是日常通俗的叫法，在中药里它叫“乌梅汤”。用古法熬制的乌梅汤是治疗温病的一味良药，对内在虚热导致的胆火上逆等具有一定的治疗功效，不但能降肝火，还能帮助脾胃消化、滋养肝脏。当你熬夜工作或精神疲惫时，喝杯酸梅汤可以起到很好的提神作用。

食材和时间

分量 3 人份

时间 70 分钟（不含浸泡、冷藏时间）

材料 乌梅……35 克
山楂干……25 克
洛神花……5 克
甘草……2 克
陈皮……10 克
桑葚干……10 克
冰糖……70 克
干桂花……1 克
清水……1100 毫升

步骤

1. 材料清洗一下，准备好。将除了干桂花和冰糖之外的其他固体材料倒入破壁机杯中。倒入清水，将材料充分浸泡 30 分钟以上。
2. 泡好以后，倒入冰糖。
3. 使用养生煲模式或者是加热模式，煮大约 1 小时。打开盖子就能闻到煮好后的酸梅汤的浓郁的香气。
4. 将所有固体材料过滤出来，只留汤汁。
5. 将干桂花撒进去略微拌下，等到放凉后送去冰箱冷藏 1 小时后再喝风味更好。

1

2

3

4

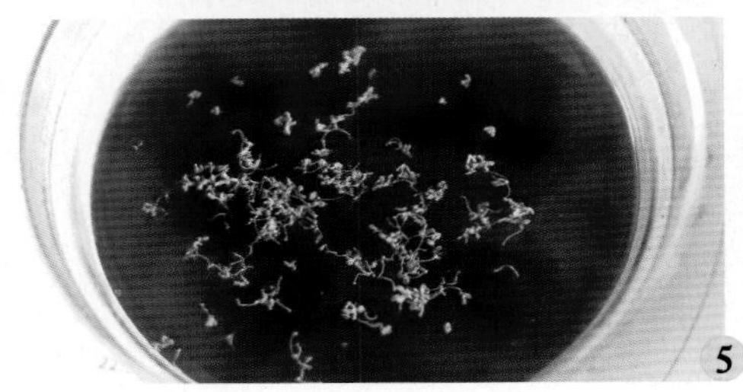
5

“婶子碎碎念”

1. 酸梅汤要先泡再煮才能将味道最大限度地熬出来。放凉后冷藏或者是加入冰块变凉后再喝口感更好。过滤后的材料不要丢，可以留着再煮一次。

2. 这个配方做出的汤汁不太甜，可根据你的口感调整糖的用量。干桂花可以增加酸梅汤的香气，没有就不用加了。

桃胶银耳蜜饮

桃胶是一种浅黄色、透明的天然树脂，由桃树树皮中分泌而来，也是具有良好的养生保健功效的食材。经过长时间浸泡之后，桃胶会变成像果冻一般的透明物质，细细品来，有一点清香，鲜嫩滑爽。将它和枸杞、红枣等带甜味的食材一起煮了喝，味道更佳。

食材和时间

分量 3 人份

时间 80 分钟（不含浸泡时间）

材料

桃胶……………………………10 克
皂角米…………………………15 克
干银耳……………………………5 克
红枣……………………5 ~ 6 颗
枸杞………………………………8 克
冰糖……………………………15 克
清水………………1000 毫升左右

步骤

1. 桃胶、皂角米、银耳都需要提前泡发好。红枣去核，切小段。将所有材料倒进破壁机杯子中。
2. 启动养生煲模式，整个程序大约需要 78 分钟。
3. 熬好以后能看到里面的桃胶、皂角米都已经熬到晶莹剔透的状态了。

“婶子碎碎念”

1. 桃胶、皂角米、银耳这些都需要提前浸泡。银耳泡 4 小时，桃胶和皂角米一般浸泡 12 小时以上。夏天可以冷藏浸泡。有的桃胶有杂质，中途可以换一次水。

2. 加水一定不要超过热饮的水位线，否则容易溢出。

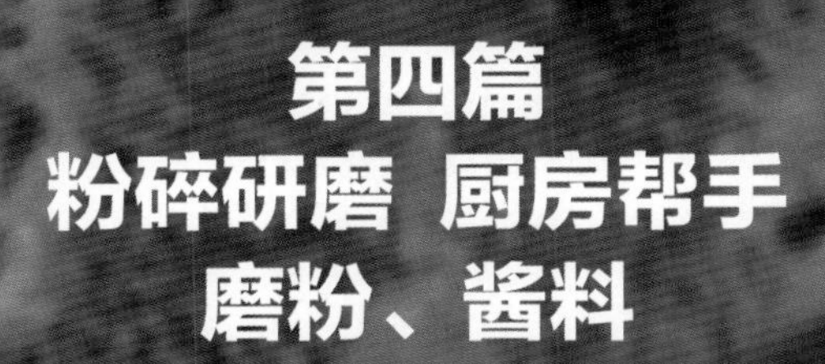

第四篇
粉碎研磨 厨房帮手
磨粉、酱料

超高的转速赋予了破壁机制作粉末材料和研磨酱料的天赋。无论是鲜香麻辣的日常调味料，还是对身体有益的五谷养生粉，甚至是独具民间风味的各种小吃酱料及秘制调料，我们都可以用破壁机制作出来。

自制糯米粉

做汤圆、糯米糍、雪媚娘之类的点心时，都要用到糯米粉。用的时候还要到外面去买，特别麻烦。现在只需要抓一把糯米放到破壁机里，随时都可以打出来洁白细腻的糯米粉。随用随打，十分方便。

食材和时间

分量 两碗

时间 5 分钟

材料 生糯米……………………300 克

步骤

1. 生糯米直接倒入破壁机研磨杯中。如果不放心也可以洗一洗，但需要彻底晒干后再磨粉，否则会做成糯米浆。
2. 用低挡将糯米打碎，打十几秒。
3. 糯米已经碎成渣渣状了。
4. 再调到高速挡位打十几秒，打到糯米变成很细腻的粉末即可。

1

2

3

4

“婶子碎碎念”

高速搅打糯米粉会使破壁机刀片变得很烫，所以我们用高速搅打的时间不要太长，否则糯米粉会结块甚至会变得黏稠。建议先低速打成渣渣，再高速打 10 秒左右，停一会儿再打，直到打到你想要的细腻度为止。

自制糖粉

很多烘焙配方里都需要用到糖粉，这种食材在一些小超市里又不好买到。其实糖粉完全可以自制，用砂糖或者冰糖，放到破壁机里自己打就可以了。再加点淀粉防潮。一次打上这么一罐，能用挺长时间。

食材和时间

分量 一小罐

时间 10 分钟

材料 冰糖（或白砂糖）..........150 克

玉米淀粉 ....15 克

步骤

1. 将冰糖和玉米淀粉准备好。
2. 将冰糖和玉米淀粉放到研磨杯里。
3. 先用低速打十几秒，再用最高速打 10 秒左右，材料就会变成很细腻的糖粉了。
4. 放在手上搓一下，能看到糖粉已经非常细腻了。将它密封保存就可以了。

1. 打糖粉可以选择冰糖或者白砂糖，但不要用绵白糖，因为绵白糖里面有糖浆，打出来的成品会结块。

2. 冰糖和玉米淀粉的比例为 10 ：1 即可。

3. 打好的糖粉需要密封在阴凉干燥处保存，不要放入冰箱里。从冰箱拿出来后，因为和室内有温差，材料里面易产生水汽，让糖粉化开。

自制鲜味精

味精能让菜变得鲜美，但人吃多了容易出现血压升高、头晕、口渴等症状，所以不如试试这款用鸡胸肉、香菇和虾皮做的健康“味精”。做汤、做菜都可以放一勺进去，提鲜添香还不用担心对身体有害，大人、小孩都适用。

扫码看视频

食材和时间

分量 一小罐

时间 60 分钟

材料

鸡胸肉……300 克
姜片……2 片
葱段……3 ~ 4 段
鲜香菇……70 克
虾皮……15 克
盐……5 克
糖……10 克

步骤

1. 香菇去蒂，切片。鸡胸肉切条。水烧开后加姜片和葱段，放入鸡肉煮熟。
2. 鸡肉捞出后稍微放凉。放到保鲜袋中，用擀面杖先敲一敲，来回擀压几次，擀薄一些方便烘干。将切好的香菇片和擀薄的鸡肉都放到烤盘里。
3. 用 150℃烘烤 25 ~ 30 分钟。
4. 烘到鸡肉变得干硬，香菇也变成香菇干就可以了。
5. 将放凉的香菇干、鸡肉干还有虾皮放入破壁机的干磨杯里。再倒入盐、糖。
6. 先低速再高速，将所有材料打成细腻的粉末就好了。

“婶子碎碎念”

这款自制鸡精非常鲜美，主要靠香菇和虾皮调味，所以尽量不要省略这两种材料。平时做菜或者喝粥，可以舀一大勺放进去，做出的成品味道很鲜美的。

自制香蒜粉

大蒜是一种味道很浓烈的香辛料，制作菜肴时它的用处很多。把大蒜做成蒜粉，不但可以方便携带使用，更方便用在西式烘焙糕点里面。比如很多人爱吃蒜香面包或蒜香饼干，做的时候往里面随便放点蒜粉就可以烤了。没事磨上这么一罐，想怎么用就怎么用。

食材和时间

分量 一小罐
时间 80分钟
材料 大蒜……3头

步骤

1. 大蒜剥皮后切片或者拍平了切小块，放到烤箱的烤盘上或者是空气炸锅中。
2. 用上下火100℃先烘烤10分钟，再改成60℃低温烘烤1小时以上。
3. 一直烤到蒜彻底变干为止。
4. 倒入破壁机的研磨杯中，启动机器开始搅打，磨成细腻的粉即可。放凉后密封保存。

“婶子碎碎念”

1. 大蒜可以切得小一些，这样容易烘干。烤时温度不要太高，先用100℃烤熟再用60℃长时间烘即可。时间最少也要1小时。要烤到水变干后再打，否则容易结块。

2. 做好的蒜粉直接放到烘焙材料里就可使用。我用它做的蒜香饼干可参见本书第296页。

天然果蔬粉

果蔬粉是大自然赋予的天然上色剂，能让小朋友们对食物更感兴趣，还能让他们品尝到各类蔬果的味道。做好后储存起来，不但可以加到辅食、汤粥里，还能给各种面食和糕点上色，用处实在太多了。

食材和时间

分量 各1小碗

时间 紫薯粉30分钟，南瓜粉50分钟

材料 紫薯……2个

南瓜……500克

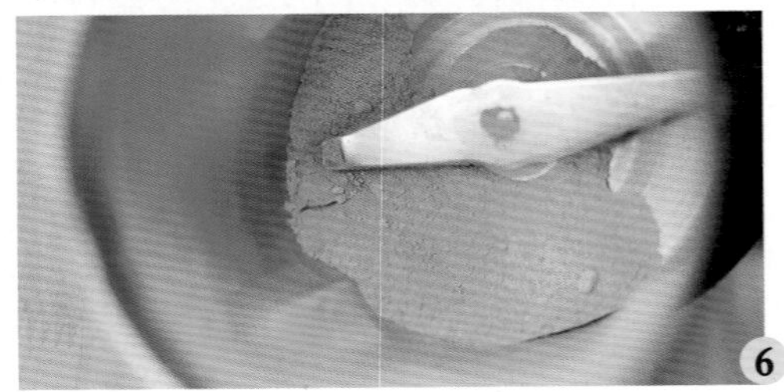

步骤

1. 紫薯和南瓜都先去皮，切成比较薄的片，放到烤盘或者空气炸锅里。
2. 温度选择 120℃，时间设定为 40 分钟。
3. 紫薯分水少，所以烘干速度要比南瓜快，大约 20 分钟后紫薯片就差不多烘干了，可以将它提前取出。将南瓜片继续烤。
4. 南瓜片要烤 40 分钟才会变成很干的状态。
5. 将烤干放凉的紫薯片放入破壁机研磨杯中，低速搅打 10 秒，再高速搅打十几秒，就会变成很细腻的粉了。
6. 将烤干的南瓜片也放到研磨杯中，打成很细腻的南瓜粉。打好的粉密封好，放干燥处冷藏即可。

“婶子碎碎念”

1. 南瓜含水量大，做粉不太出量，我用 500 克的南瓜最后做出来一小碗的粉，所以一次可以多用一些南瓜。紫薯的水少，所以烘干用的时间是南瓜的一半左右。

2. 紫薯直接烘干呈现比较暗淡的紫色。如果想要鲜艳的深紫就先将紫薯蒸熟，然后切片烘干。但蒸熟后水会变多，烘烤变干的时间也要延长。

3. 做果蔬粉需要低温慢烤，温度不能超过 130℃，否则烤出来的蔬菜会变色。

补钙虾皮粉

老人、小孩、孕妇都需要补钙，但药补不如食补，抽空打上这么一罐虾皮粉，无论是煮粥还是炒菜或者蒸鸡蛋羹，都可以放上一勺。虾皮本身就是含钙量很高的食物，打成粉后做菜吃既美味又补钙，孩子、大人可以一起吃。

食材和时间

- 分量 一小罐
- 时间 10 分钟（不含浸泡时间）
- 材料 干虾皮……150 克

步骤

1. 虾皮都比较咸，提前用清水浸泡，清洗，沥干水。放到锅里，开小火把虾皮的水炒干。
2. 刚炒完的虾皮很热，先放凉再放到研磨杯里。
3. 先用低速再用高速搅打十几秒，材料变成比较细腻的虾粉就可以了。

1

2

3

“婶子碎碎念”

给宝宝炖蛋、煮粥都可以加一勺虾粉，一来可以使食物更鲜美，二来可以给宝宝补钙，一举两得。

祛湿红枣薏米粉

太多的湿气对身体有害，像水肿、虚胖、便秘等可能是由体内湿气太多引起的。这款带着枣香清甜的薏米粉就有不错的祛湿功效，用热水冲泡、拌匀后即可饮用。它也是一款非常好的代餐粉，便于携带，十分方便。

食材和时间

分量 一罐

时间 80 分钟（不含浸泡时间）

材料
- 薏米……100 克
- 赤小豆……120 克
- 红枣……40 克
- 芡实……35 克

扫码看视频

步骤

1. 红枣要提前去掉果核，剪成小段。放到烤箱或者炸锅里，用 130℃烘烤 35 ~ 40 分钟。如果你的烤箱温度偏高就把温度调到 120℃，避免将红枣烤煳。刚烤好的红枣干还有些软，放一会儿就变硬、变脆了。
2. 将薏米、赤小豆、芡实混合到一起，浸泡 20 分钟左右，沥干水。
3. 放到烤盘或者是炸锅里，用 170℃烘烤 25 ~ 30 分钟，或者在锅中用小火炒熟。
4. 烤熟的赤小豆颜色会变深。薏米会有些微微发黄。
5. 将红枣干和烤熟的其他食材都放入到破壁机的研磨杯中。
6. 先用中速打十几秒，再用高速继续打十几秒。材料变得很细腻就可以了。喝的时候冲入热水，拌成糊糊就可以了。

1. 加入红枣不但有益气血也可以增甜，这样就不用再加入红糖或者蜂蜜等调味了。

2. 红枣必须要烤到很干，打出来才不会结块。赤小豆、薏米、芡实需要先清洗下然后浸泡 20 分钟再用。

3. 没有烤箱的也可以用锅炒熟食材，要注意别炒煳了。薏米炒到微微黄即可，如果煳了打出来会发苦。

4. 每天取 2 勺用热水冲泡即可。长期饮用有祛湿健脾的作用。

手工藕粉

制作手工藕粉，素来有“十斤莲藕八两粉”之说，指的是用莲藕做藕粉产量很低。从最初的采藕到最后磨成粉，要经过磨藕、过滤、沉淀、手工削片、晾晒等多道工序，缺一不可。有时间、有精力的读者，不妨尝试自己做一次，虽然最后得到的成品不多，却能保证是货真价实的纯藕粉。

扫码看视频

步骤

1. 莲藕去皮，切成块，放入破壁机杯中，加入没过莲藕的清水搅打成很细腻的藕浆。将藕浆放入两层纱布里过滤出藕渣，静置沉淀 4 个小时以上。有条件的读者，可以把它静置过夜。
2. 图中是沉淀后的样子。上面是清水下面是淀粉层。
3. 将上层的清水倒掉，只保留底下的白色沉淀。将沉淀物再倒入比较大的盘子中，盘子越大越好。送去晾晒至完全变干。也可以放入烤箱，用 60℃烘烤数小时以上，将水烤干。
4. 图中是已经烘干的样子，粉变成块状了。
5. 倒入破壁机杯子中再搅打一下，直到变成细腻的粉末就可以密封保存了。

“婶子碎碎念”

1. 藕的出粉量大约只有 8%。比较老的莲藕出粉量比新莲藕高一些，所以可以选用老莲藕来做。打成藕浆后过滤出来的藕渣，可以留着和肉馅一起做成莲藕肉丸。

2. 传统的藕粉做法是将粉晾晒到干，成品才原汁原味。晾晒需要两天以上的时间，也可以用烤箱低温烘干。不过用烤箱烘干的，表面那层会因为温度高，变成淡褐色了。

3. 做好的藕粉可以先加入少量凉白开，搅拌至看不见颗粒状藕粉为止。再加入滚烫的（95℃以上）开水，一边浇一边搅拌，这样做出的藕羹细腻均匀、晶莹剔透。

食材和时间

分量 一小罐
时间 24 小时以上
材料 比较老的莲藕……………………6 个
清水……………………………… 适量

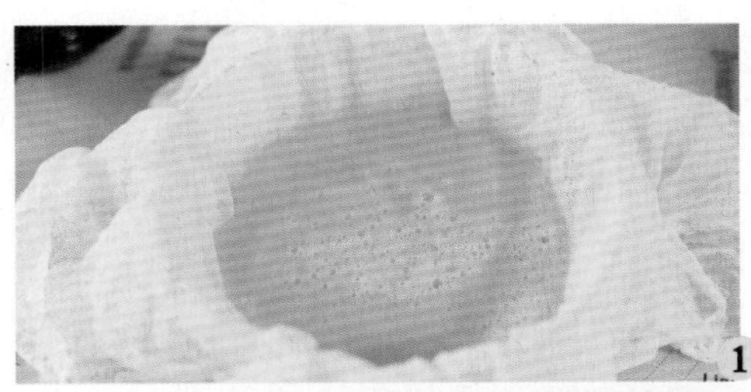

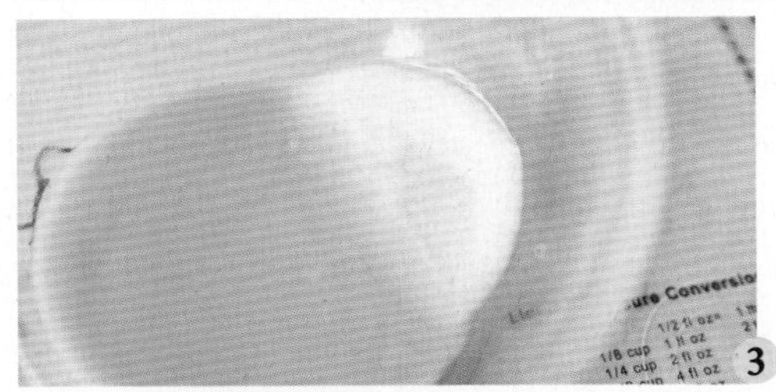

瘦身纤体粉

肥胖人士多了以后，各种各样的代餐粉开始流行。其实代餐粉并不神秘，多是以富含膳食纤维的谷物为主，再配以能降低胆固醇水平、可促进脂肪类食物消化的食材制成。

食材和时间

分量 一碗

时间 40分钟

材料

- 薏米……15克
- 枸杞……25克
- 山楂……10克
- 葛根……10克
- 黑豆……10克
- 黑芝麻……20克
- 核桃仁……10克

扫码看视频

步骤

1. 将所有材料倒入烤盘当中，尽量将难熟的食材放在表面。
2. 放入烤箱，用 100 ~ 110℃，烘烤差不多 30 分钟。
3. 烤到食材都熟了后铺平放凉。
4. 倒入破壁机中，先低速再高速搅打。
5. 打成细腻的粉末。
6. 用筛网过滤一下，就可以密封保存了。

“婶子碎碎念”

1. 每天取 2 勺粉先用少量温水拌匀，再倒入开水冲开拌匀后饮用即可。如果直接用沸水冲泡，容易结块，所以先用少量温水调匀再冲入开水。

2. 枸杞和山楂都属于经高温烘烤会变黑的材料，所以和其他材料一起烘烤就需要用 100 ~ 110℃的温度长时间烘烤。如果时间来不及，也可以用 160℃烘烤 7 ~ 8 分钟后，将枸杞和山楂拿出来再烘烤其他的食材。

3. 烘熟的食材一定要等到完全放凉，如果还温热就拿去打粉，就容易结块。最后的过筛，也是为了让粉更细腻。

熟黄豆粉

爱做糕点的，一定要学会做这款自制黄豆粉。只需要将黄豆清洗后烤熟或者炒熟，再打成细腻的粉末就可以了。把它加到蛋糕材料或者是其他的点心材料里，做好的成品不但会有浓郁的黄豆香气，还含有大量膳食纤维，营养价值极高。

扫码看视频

食材和时间

分量 一小罐
时间 30 分钟
材料 黄豆……250 克

步骤

1. 黄豆需要先洗一下把表面的浮灰洗掉。
2. 放到烤箱烤盘上，用180℃烘烤20分钟。用空气炸锅，烤15 ~ 18分钟就可以了。
3. 烤到黄豆有香气，表面也有裂纹。也可以在锅里用小火不停地翻炒将黄豆炒熟。
4. 烤熟的豆子略微放凉，然后放到干磨杯中。先用最低速开始搅拌，打10秒后停一下机器。
5. 黄豆已经变成小颗粒了。
6. 再用高速搅打，一直打到黄豆变得很细腻就可以了。

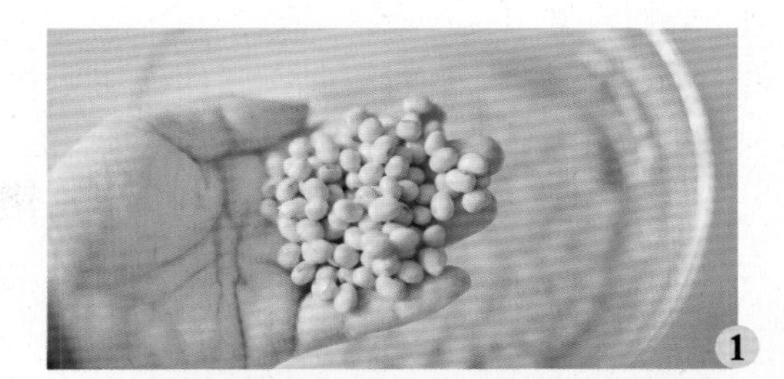
1

2

3

4

5

6

“婶子碎碎念”

1. 烤好的黄豆需要先放凉再打粉。热的时候打，做出的成品容易结块。打好的黄豆粉可以直接吃，也可以用它做很多美食。平时密封保存即可。

2. 用黄豆粉可以做驴打滚和戚风蛋糕，做法可参考本书的第319页和第254页。

非常爱吃用椒盐做的各种菜肴和点心，但总觉得外面卖的椒盐不够鲜香，索性去买些上好的香辛料自己做。做一次就能打出够吃小半年的量了。关键是这味道太香了，真正货真价实。

扫码看视频

步骤

1. 将所有的材料都准备好。推荐的材料打出来的花椒粉是很香的。将除了盐之外的其他材料都放到锅中。
2. 用铲子不停地翻炒，炒到材料有香味冒出，并且微微变黄就可以停止了。将材料先盛出来放凉。
3. 将盐放入锅中，炒到微微变黄。所有材料都放凉后，倒入破壁机的干磨杯中。
4. 先用低速搅打 10 秒，这时候能看到材料已经变成比较粗的粉末了。继续用中高速搅打一会儿，细腻的椒盐粉就做好了。密封保存即可。

食材和时间

分量 一小罐

时间 15 分钟

材料

材料	用量
花椒粒	40 克
小茴香	20 克
白胡椒粒	10 克
黑胡椒粒	5 克
白芝麻	10 克
盐	20 克

“婶子碎碎念”

1. 上面列的配比打出来的花椒粉很香，所以尽量不要更换。如果想简单的话，就使用花椒粒和盐制作，比例为 2 ∶ 1 即可。

2. 把香辛料和盐炒熟所用的时间不同，所以要分两次来炒。你也可以用烤箱来烤香辛料，以 180℃，烘烤 8 ~ 9 分钟即可。

3. 想要细腻的就制作时间长一些。打好的椒盐用不完可以密封，放在干燥处储存，能用很长时间，但香味会随着时间的延长而打折。

川香蒸肉米粉

很多人都爱吃粉蒸菜，但市售的蒸肉米粉的味道总不如自己做的香。自己做能做出味道很鲜的成品，其口味也可以按喜好调整。有了自制的蒸肉米粉，做粉蒸菜就不是问题了。“小白”也能变厨神。

食材和时间

分量 一罐

时间 20分钟

材料

- 大米……200克
- 糯米……100克
- 小米……30克
- 八角……3个
- 花椒……4克
- 白胡椒粒……3克
- 干辣椒……5～6个
- 小茴香……3克
- 盐……2克
- 香叶……3～4片

扫码看视频

步骤

1. 将所有材料都准备好。大米、糯米、小米可以提前清洗下，沥干水。可以用烤箱将三种米烤到微微发黄。用锅炒，就要用中小火不停地翻炒。
2. 炒到大米有些微微变黄，加入除了盐之外的其他材料，继续用小火不停地翻炒 2 分钟，炒到锅里有香气溢出。加入盐翻炒。炒匀后，盛出。
3. 刚做好的材料还很烫，尽量平铺，让它放凉后再打，否则容易结块。
4. 将凉下来的材料倒入破壁机研磨杯中，用最低速搅打 30 秒左右。
5. 可以看到材料已经被打碎了。如果想更碎一些可以再打一会儿，但一定要用低速，打到成品有细小的颗粒感最好。

1

2

3

4

5

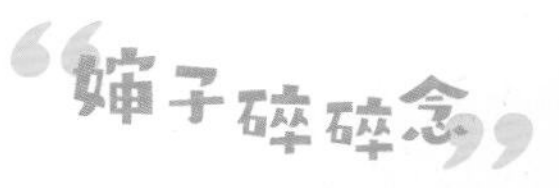

1. 如果不能吃辣，就把辣椒去掉即可。干辣椒和花椒粒这些材料短时间内就会炒糊，所以需要将三种米炒到微黄后再将其他材料加进去进行翻炒。

2. 米粉不要打得太碎了，呈现颗粒状即可。要用最低速来打，打十几秒停下看看。机器如果不能调速，打几秒就停下检查看看。

3. 剩下的米粉可以密封，保存在干燥阴凉处，因为它本身是比较干燥的了，所以保存期限也挺长。

健脑益智粉

大脑是人体内精密的器官。对渐衰的老人和生长期的孩童来说，养脑、补脑尤为重要。可以尝试一下这款用多种健脑益智食材做出的健康谷物粉。

食材和时间

分量 2 人份

时间 20 分钟

材料

材料	用量
干黄豆	20 克
荞麦	30 克
葛根	25 克
糙米	15 克
黑米	15 克
核桃仁	25 克
黑芝麻	20 克

步骤

1. 所有材料洗干净，沥干水准备好。
2. 将材料放到锅里，用中小火不停地翻炒到出香气、材料微微发黄即可。
3. 所有材料平铺，充分放凉。
4. 放到破壁机研磨杯中，先低速再高速进行搅打，直到材料变成细腻的粉末。
5. 用过滤网将打好的粉末筛一下，做出的成品更细腻。

“婶子碎碎念”

这款粉用料比较温和，适宜的人群较广。老人和小孩都可食用。但一定要提前将食材炒熟或者烘熟后再磨成粉。每天取两勺，先用温水拌匀再用开水冲泡饮用。平时在密封干燥处存放。你也可以将此粉做馒头等面食，使用起来很灵活。

降糖健脾山药粉

糖尿病人的日常饮食应注意“五低两高一适量”：五低就是低糖、低脂、低胆固醇、低盐、低热量；两高就是高维生素、高膳食纤维；一适量则是蛋白质适量。用山药搭配茯苓、黑芝麻等食材一起磨成粉，可帮助平稳血糖、益气养阴。

扫码看视频

食材和时间

分量 一碗

时间 90 分钟

材料 铁棍山药........................25 克

燕麦米..........................25 克

茯苓..............................10 克

葛根..............................25 克

黑芝麻..........................30 克

黑豆..............................15 克

步骤

1. 将铁棍山药去皮，切厚片，放到烤箱或者空气炸锅里用 60℃烘烤 1 小时以上。
2. 烘到呈现干干的状态就可以了。
3. 其他材料清洗后倒入烤盘中铺平，送到烤箱或者炸锅中用 160℃烘烤 20 分钟。没有烤箱的读者也可以在锅中用小火炒熟。烤好的食材会有点微微发黄，放到完全凉下来。
4. 所有材料一起放到破壁机干磨杯中。
5. 先低速搅打 20 秒再高速搅打 30 秒，直至材料变成细腻的粉末。
6. 用滤网筛一下。那些比较粗的颗粒可以继续研磨一会儿。将过滤好的粉密封保存即可。

“婶子碎碎念”

1. 山药干也可以买现成的。大家的烤箱温差不同，所以尽量用最低温烘烤 1 小时以上到山药片变干。其他材料不要用高于 120℃的温度烘烤，否则颜色会变得很黄。

2. 每天取两勺粉，先用温水调匀再用开水冲泡饮用即可。

菠萝苹果酱

把水果做成果酱，是封存它的鲜甜味道的较好的方式。在菠萝上市的季节，用菠萝加点苹果炒出这么一大罐的新鲜果酱，满屋都会飘散水果的香气。做好后可以抹面包吃，包入面包里当馅料，还可以跟鸡翅、排骨一起做成果味菜肴。用处简直太多了。

食材和时间

分量 一罐

时间 160分钟（不含浸泡时间）

材料

菠萝............1个（约700克）

苹果............1个（约300克）

细砂糖............150克

麦芽糖............100克

柠檬汁............20克

扫码看视频

步骤

1. 菠萝肉切块，用淡盐水（分量外）浸泡15分钟。苹果去皮后切块。将两种水果都放入破壁机杯子中，用低速稍微搅打二三十秒。打成还有少许颗粒的糊糊。
2. 接下来炒酱。你可以用锅炒，也可以用面包机的果酱模式制作，更节省力气。
3. 我用面包机做的。把所有材料倒进去，启动果酱模式。这款果酱含水量比较大，所以在面包机中制作两遍，大约需要两个半小时。制作过程中间就不用管它了。
4. 程序结束后将做的酱放凉。它会再凝固一些。
5. 如果赶时间，可以执行完一遍程序后把果酱放到锅中手动翻炒，炒到有点干。
6. 炒好的果酱趁热倒入消过毒的罐子中。密封好以后倒扣至放凉即可。

“婶子碎碎念”

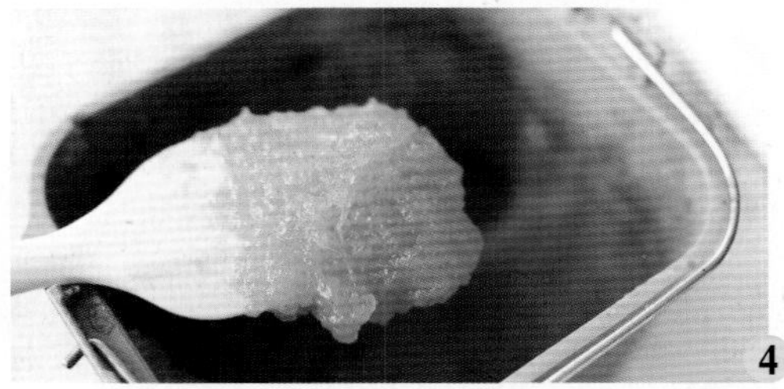

1. 人工炒果酱需要一直守着锅，所以家里有面包机的读者可以先用机器自带的果酱模式翻炒，炒到差不多了再放到锅里人工炒到黏稠。如果不想动手，就多执行几遍果酱模式即可。最后看一下，别炒煳了。

2. 果酱含糖量越高，坏的速度就越慢。这个配方里的糖的量刚好。如果没有麦芽糖也可以全部用细砂糖，但加入麦芽糖会让果酱风味更佳。

花生腰果酱

家里有破壁机后，做得最多的就是花生酱。做好的成品不但没有添加剂，而且味道比市售花生酱更加香浓。如果想要酱的味道更好一些，还可以加入腰果一起打。无论是抹吐司还是用来做凉拌菜，加入它，成品都太美味了。

食材和时间

分量 一碗

时间 30分钟

材料

- 花生……200克
- 生腰果……100克
- 盐……2克
- 细砂糖……10克

扫码看视频

步骤

1. 花生和生腰果放入空气炸锅中，用 160℃ 烘烤 13 ~ 15 分钟。稍微放凉后，将腰果和花生去皮。
2. 将花生和腰果放入研磨杯中，用中速进行搅打，打十几秒。
3. 花生、腰果已经被打成粉末了，但粉末容易附着在杯壁上，可以用勺子将粉末往中间归拢归拢。
4. 可以放盐和糖了。
5. 切换到高速继续搅打。打 10 秒就看看里面的状态。
6. 打到材料呈半流质状态就可以停止了。如果继续打材料就会变成植物油那种流质状态了。

1. 花生建议用红衣颜色比较浅的短花生，做出的成品更好吃。加了腰果做出的成品要比单纯用花生做的更加香浓。

2. 搅打的时间会因为大家机器不同而有所区别。建议多放一些材料，太少了不容易打出油脂。一开始先慢速打，打成粉后需要将杯壁上的粉刮一刮，往中间归拢下再打，打出油脂后它就会变成酱了。做这一款酱完全不用加一滴油，只靠腰果和花生自己的油脂就可以打成很顺滑的酱了。你想吃颗粒状的酱就打得时间短点，想吃很顺滑的酱就多打一会儿。

甜面酱是一种别具风味的调味料。山东人吃饼卷大葱，是要蘸着甜面酱入口的。只不过常规的甜面酱的做法比较烦琐，所以就来分享这个比较简单的做法。一样可以做出好吃的酱料。

食材和时间

分量 一碗

时间 20 分钟

材料

- 老抽……10 克
- 生抽……25 克
- 蚝油……30 克
- 水……300 毫升
- 白糖……20 克
- 植物油……10 克
- 五香粉……1 克
- 普通面粉……30 克

步骤

1. 所有材料都先准备好。生抽、老抽放在一起。将材料按照先液体后固体的原则倒入破壁机中。启动搅拌模式将所有的材料搅拌均匀。拌好的面粉不能有颗粒。
2. 搅拌好的材料倒入小锅中用大火加热。一边加热一边搅拌。
3. 材料会渐渐变得黏稠，等到变成酱了，就是提起铲子可以快速流动后即可关火。将酱放入罐子里，放凉后密封保存即可。

1

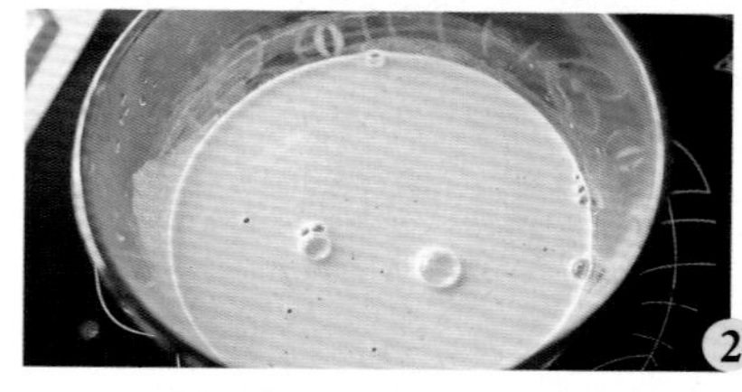
2

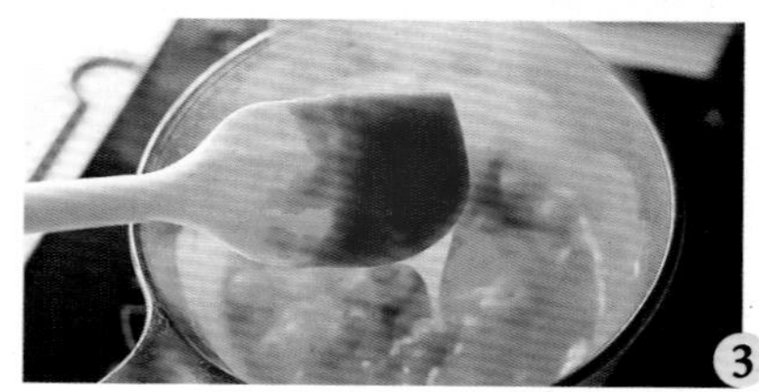
3

"婶子碎碎念"

材料熬到呈酱状后就可以关火了。如果熬太稠了再关火，凉下来以后就会有点像果冻了，不容易蘸着吃。

家庭版沙茶酱

在潮汕地区，沙茶酱可是吃火锅的绝佳伴侣。传统的沙茶酱光原材料就有二十多种，包含鲽脯、草果粉、芸香粉、香茅等不太好买到的食材。它的做法也很烦琐。咱们自己做就精简一下，来个食材好买、做法简单的家庭版沙茶酱尝尝吧。

食材和时间

分量 1 碗

时间 20 分钟

材料

干海米	50 克
花生	60 克
白芝麻	30 克
小米辣	1 个
陈皮	5 克
大蒜	5 瓣
生抽	25 克
蚝油	15 克
盐	3 克
糖	12 克
植物油	25 克
葱段	4 ~ 5 段
水	150 毫升

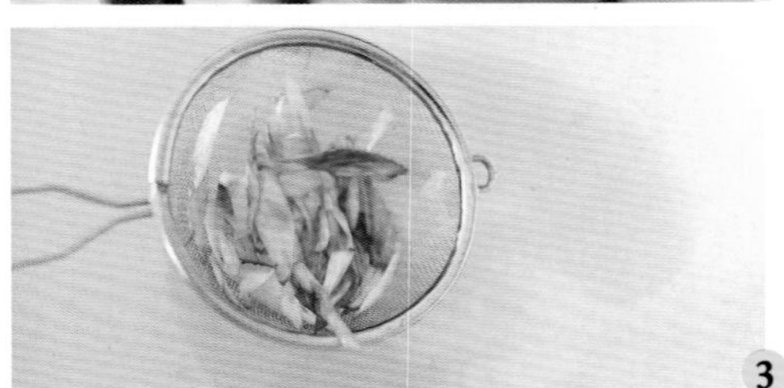

步骤

1. 花生提前烤熟，去皮。海米洗一下，沥干。小米辣切段。白芝麻也炒熟。其他材料都准备好。将海米、花生、白芝麻、小米辣、陈皮、大蒜放入破壁机研磨杯中。
2. 用低速（我用的四挡）搅打 10 秒，直到材料呈现带着些颗粒感的状态。
3. 锅中倒入 25 克植物油，烧热后将葱段放进去炸到变黄后捞出来，留下葱油。
4. 将刚才打好的材料倒进去尽快翻炒均匀。分次倒入生抽、蚝油。快速翻炒均匀。
5. 倒入水，炒到酱汁有些沸腾后倒入糖和盐调味。
6. 一直炒到酱料稍微有些收干就可以关火出锅了。放凉后密封冷藏保存。

“婶子碎碎念”

1. 这个沙茶酱是家庭版的，所以只用了干海米，如果你能买到鲽脯、草果粉、芸香粉等材料也可以放进去，做出的酱的味道会更加香浓。

2. 做好的酱料平时密封冷藏保存，可以用来做菜、做汤，也可以用来炒饭、拌面。

秘制炸串酱

我们这里有家炸串小店的生意特别火，秘诀就是老板娘自己熬的味道很特别的炸串酱。炸串抹上这种酱后确实比别的店好吃很多。去吃了好几次后，终于把配方猜得差不多了，回家"复刻"了一下，果然做出的酱和店里的味道很类似了。如果你也是喜欢吃炸串的人，不妨试试这道抹酱。除了用来抹炸串，也可以用来做焖锅或者酱香菜，做出来的成品一样很好吃。

食材和时间

分量　一罐

时间　25 分钟

材料

老抽	10 克
生抽	25 克
蚝油	30 克
番茄酱	15 克
花生酱	25 克
芝麻酱	25 克
洋葱	半个
大蒜	5 瓣
白糖	40 克
花椒粉	1 克
五香粉	1 克
玉米淀粉	20 克
水	200 毫升
植物油	15 克

1

2

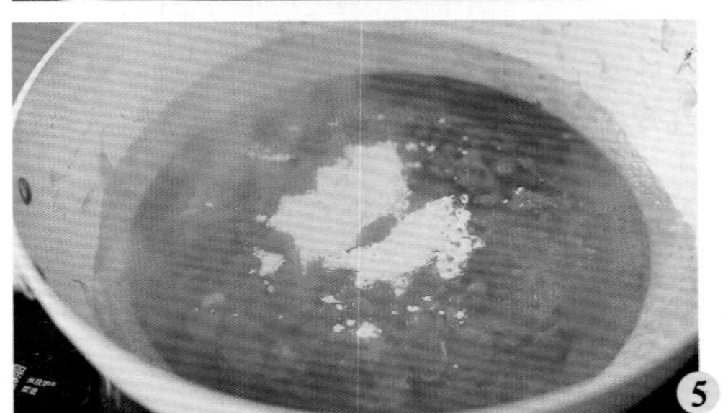

步骤

1. 将所有材料都准备好。洋葱切丁，大蒜切小块。
2. 锅中放植物油，加热，放入大蒜翻炒，再倒入洋葱翻炒，炒到洋葱变软。
3. 将老抽、生抽、蚝油、番茄酱、花生酱、芝麻酱、白糖、花椒粉、五香粉倒进去，然后快速翻拌均匀。
4. 倒入水，转大火，不停地翻拌，炒到汤汁开始沸腾。
5. 将玉米淀粉倒进去，快速搅拌均匀。
6. 这时候，汤汁会有些黏稠了，关火，等它稍微凉一下。
7. 倒入破壁机杯子中，高速搅打至材料变成细腻的酱即可。

“婶子碎碎念”

1. 推荐的材料的分量能做出来一罐左右的酱。除了抹炸串，也可以当作烧烤酱或者做菜时当酱料来用。能吃辣的读者也可以放点辣椒进去。

2. 芝麻酱和花生酱我都用了自制的，做法可以参考本书第147页和第53页。

柠檬蛋黄酱

市售的蛋黄沙拉酱，一般油脂含量都很高，还含有防腐剂等。如果你爱吃沙拉酱，完全可以自制低脂沙拉酱吃。我们还可以加入柠檬汁和柠檬屑。熬出来的蛋黄沙拉酱不但口感清新，吃起来清爽，也比市售的更加健康。

食材和时间

分量 一小罐

时间 10分钟

材料

蛋黄……1个
柠檬……1个
玉米油……80克
全脂奶粉……20克
糖粉……20克
盐……1克

扫码看视频

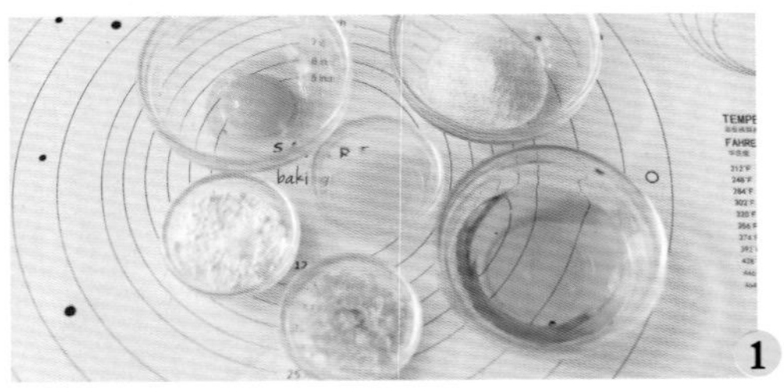

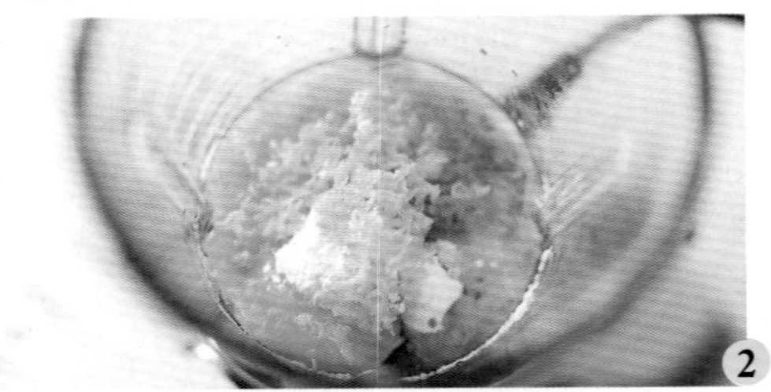

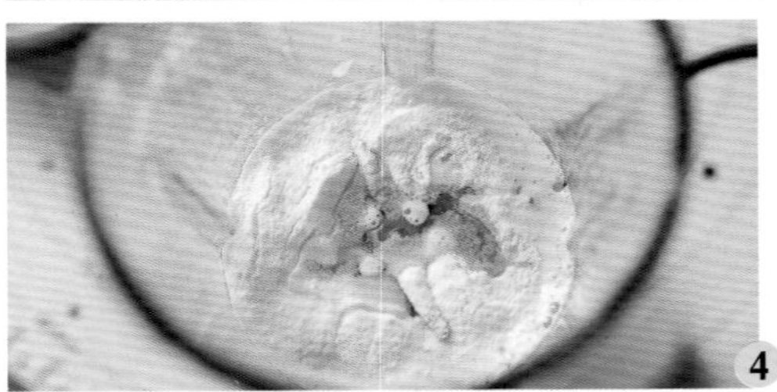

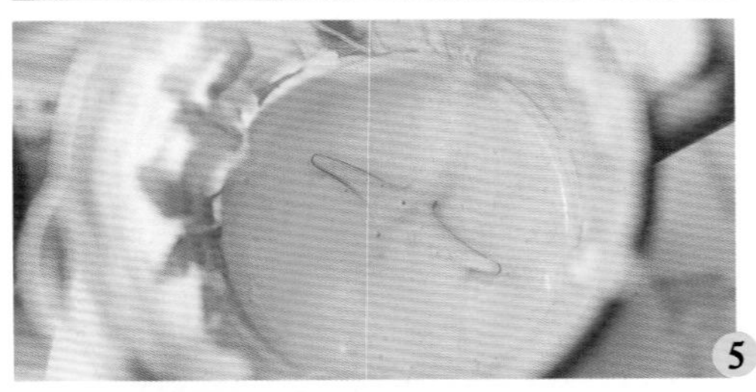

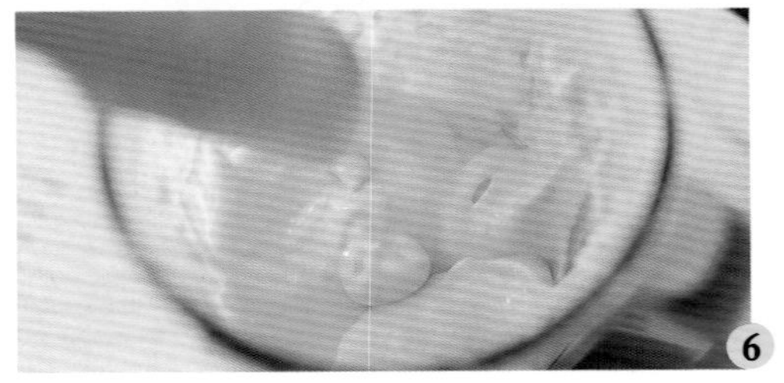

步骤

1. 柠檬洗干净，擦出柠檬屑。取 5 克柠檬屑和 20 克柠檬汁备用。其他材料也准备好。油建议用无味的。
2. 将蛋黄、糖粉、盐，还有柠檬汁和柠檬屑都倒入破壁机中。
3. 高速搅打 1 分钟，将材料全部搅打均匀。此时蛋黄变成浅黄色。
4. 倒入 10 克奶粉和一半的玉米油，继续高速搅打。
5. 搅打 1 分钟后，打开看一下，材料已经变成有点浓稠的酱了。
6. 将剩下的奶粉和剩下的玉米油也倒进去继续搅打，一直搅打成提起勺子滴下的酱汁不会马上消失的浓稠状即可。

“婶子碎碎念”

1. 柠檬屑和柠檬汁都建议用新鲜的，这样做出来的蛋黄酱才有那种很清新的柠檬香气。

2. 你也可以用整颗鸡蛋来做，或者用两个蛋黄。用整颗鸡蛋做的成品的颜色会浅一些，两颗蛋黄做的成品的颜色就会比较黄一些。两颗蛋黄含有的卵磷脂多一些，做出来的成品就更浓稠一些。

3. 一定要加奶粉，它会增加这款沙拉酱的乳香味。要按照一半奶粉、一半玉米油的顺序分次搅打，可以避免水油分离。

浓香芝麻酱

食材和时间

分量 一小罐

时间 15 分钟

材料 熟白芝麻……200 克
香油……8 克

步骤

1. 白芝麻如果是生的，需要提前放到锅里用小火炒香、炒熟使用。将熟白芝麻放入破壁机中。
2. 先低速再高速搅打。芝麻会从粉状变成酱状。中途把杯子拿出来将边缘部分的芝麻往中间归拢下再打。
3. 搅打时加入香油。
4. 图中是打好的白芝麻酱。我们将它放入消毒的瓶子里密封保存即可。

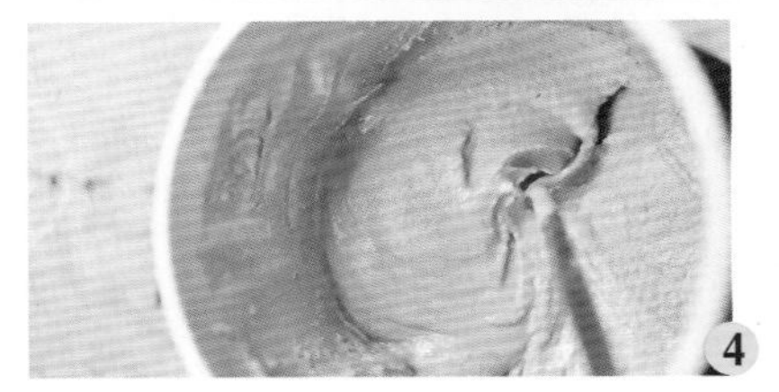

如果你细心查看超市里的芝麻酱，会在配方里发现大部分都含有花生，用纯芝麻做的却不多。这是因为只用芝麻做酱，成本比较高，而且芝麻的油脂含量不像花生那么高，所以打起来比较费劲。咱们自己做，就尽量做纯的芝麻酱。一次打好这一罐，用来拌菜、调酱汁，用处非常多。

“婶子碎碎念”

1. 打芝麻酱的时候，芝麻尽量多一些，如果太少了刀片容易空转。

2. 芝麻酱的用处非常多，可参考本书的第 166 页（麻汁豇豆）和第 184 页（老北京面茶）查看使用方法。

泰式甜辣酱

每次在家里做韩式烤肉的时候，都喜欢用超市里的瓶装泰式甜辣酱做蘸酱。它酸酸甜甜还带着少许辣味，让肉吃起来不那么腻。这种甜辣酱的配料并不复杂，其秘方就是要加入新鲜菠萝汁一起熬煮。这样就基本可以还原出市售的味道了。

食材和时间

分量 1 罐

时间 30 分钟

材料

红甜椒……半个
小米辣……2 个
大蒜……5 瓣
菠萝……100 克
柠檬汁……20 克
白醋……20 克
白糖……50 克
盐……2 克
鱼露……15 克
水……365 毫升
玉米淀粉……5 克

步骤

1. 红甜椒里面的籽，可以单独取出来最后加。甜椒切块，大蒜切块，菠萝泡盐水（分量外）后切块，小米辣切段。其他材料都准备好。将菠萝、红甜椒、小米辣、大蒜倒入破壁机中，加入 350 毫升水，启动加热模式，煮 15 分钟。
2. 煮好后将汤汁倒出来一些，只留下原先 1/3 的量。里面煮好的食材全都留下。使用果蔬模式开始搅打，直至材料变成橙色的糊糊。打好的糊糊倒入锅中开始加热，煮到沸腾后倒入白糖和盐，拌匀。将之前取出来的甜椒籽也放进去一起拌匀。
3. 倒入柠檬汁、白醋还有鱼露继续拌匀。淀粉用 15 毫升水调成淀粉水。倒进破壁机内，拌匀。此时的甜辣酱开始变得有些浓稠了，用铲子能在表面划出纹路，就可以关火了。将酱趁热倒入容器中密封好，等彻底放凉后冷藏保存即可。

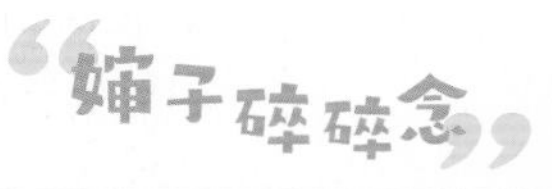

1. 如果想要酱料更甜或者更有果香味，可以多放点菠萝，反之就少放。不太能吃辣的，就只放一个或者半个小米辣即可。我用了两个小米辣就觉得做的酱很辣了。

2. 我直接用破壁机煮的食材。如果你的机器不带加热功能可以用锅煮。煮好以后的食材，只留少量的汤汁，能打成糊糊即可。如果汤汁太多就需要熬很久才能把这个甜辣酱熬到浓稠。

古法固元膏

阿胶和红枣可以补血，黑芝麻和核桃仁补肾，山楂健脾，莲子养心，冰糖润燥。这道用古法制作的深色固元膏，是精选以上材料，将其磨粉后再蒸制而成的。它更容易被人体消化吸收。此膏适合女性长年服用，也适合老年人补血、补肾，有助于延缓衰老。

扫码看视频

食材和时间

分量 3瓶
时间 100分钟以上
材料 阿胶块……60克
核桃仁……60克
山楂……15克
大枣……50克
黑芝麻……40克
莲子……10克
冰糖……30克
黄酒……350克

步骤

1. 将所有材料准备好。将除了黄酒、阿胶和冰糖之外的其他材料放进烤盘里，用110℃烘烤30分钟到其变熟。
2. 阿胶用布包起来，用擀面杖敲成小块。
3. 烤熟的材料放到彻底变凉后，跟阿胶块、冰糖一起放进破壁机的研磨杯中，先低速搅打20秒，再高速搅打几十秒。
4. 材料变成比较细腻的粉末后倒出。用筛网将粉末过滤一遍。
5. 将粉末倒入大碗中，再倒入黄酒，充分搅拌均匀。
6. 放入蒸锅用小火蒸差不多1小时，使其彻底蒸透。材料蒸熟后会变成比较顺滑的膏体，趁热倒入器皿中密封保存即可。

1

2

3

4

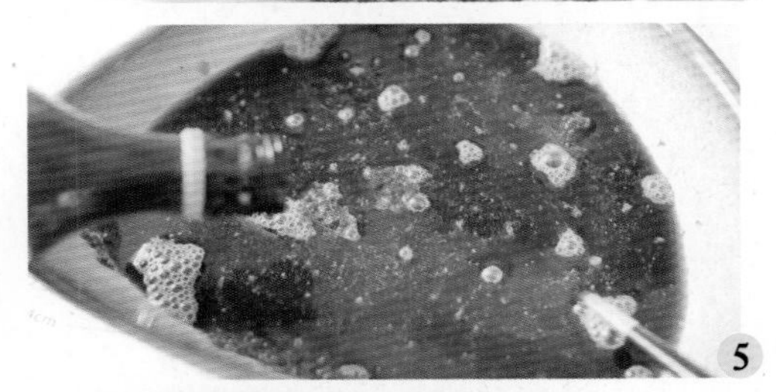
5

6

此膏建议每天取1勺加温水饮用。如果对酒精过敏，也可以将固体材料打成粉后，每日取1勺先用温水调开，再用热水冲开饮用。

桂圆玫瑰膏

桂圆宜心脾、补气血，枸杞养肝明目，红枣补血，玫瑰调经养颜，红糖含有多种矿物质和维生素。将五种食材用纯手工方式慢工细活熬煮出来的这款膏五味俱全。每天取 1 ~ 2 勺加水冲泡饮用，帮你养肝、养颜、补气血。

扫码看视频

食材和时间

分量 一罐

时间 60 分钟

材料

干桂圆肉 .... 150 克
红枣 .... 100 克
干玫瑰花 .... 15 克
枸杞 .... 10 克
红糖 .... 90 克
水 .... 500 毫升

步骤

1. 红枣去核，放蒸锅里用大火蒸半个小时。蒸好的红枣会比较软糯。蒸红枣时来煮枸杞玫瑰水。在破壁机杯中倒入大部分的干玫瑰花和枸杞，倒入水。
2. 启动花茶模式或者加热模式煮大约 20 分钟。
3. 用过滤网将玫瑰和枸杞过滤出来，只留煮过的水。
4. 将玫瑰枸杞水和蒸熟的红枣、桂圆肉一起倒入破壁机杯中。启动搅打模式，将材料打成比较细腻的糊糊。
5. 将打好的糊糊倒入不粘锅中，同时倒入红糖。一边加热一边翻炒。
6. 炒到材料颜色变深，水也渐渐收干变成酱。快出锅前倒入剩下的干玫瑰花瓣略微拌匀就做好了。

“婶子碎碎念”

熬好的膏要趁热倒入消毒的容器中倒扣，放凉后密封保存。每次取用时尽量用干净的勺子，以免剩下的膏被污染。

秋梨银耳膏

秋梨膏有生津止渴、化痰清热的功效，特别是加入银耳以后，功效更佳。

食材和时间

分量 一小罐

时间 60 分钟左右（不含晾凉时间）

材料 雪花梨....................................4 个（大约 1500 克）

罗汉果....................................1 个

生姜....................................10 克

冰糖....................................100 克

泡发后的银耳....................................80 克

红枣....................................5 ~ 6 颗

陈皮....................................8 克

步骤

1. 银耳剪去根部发黄的部分。雪花梨去核、切块，和银耳一起倒入破壁机杯中。
2. 使用果蔬模式，将材料搅打成细腻的梨汁银耳糊后盛出。陈皮清洗干净，生姜切丝，红枣去核切段。罗汉果清洗后掰碎，过一会儿带着皮一起熬煮。将打好的梨汁银耳糊和准备好的其他材料一起放到锅里熬煮。
3. 搅拌均匀后开中小火一直熬煮差不多 30 分钟，让其他材料入味。熬煮好的梨汁颜色会变得比较深。先用滤网将比较大块的材料过滤出来。等到做好的材料凉下来以后，再用纱布充分过滤。滤出的细腻的梨汁，用大火加热，不断地搅拌。
4. 一直熬煮到梨汁变得比较黏稠，提起铲子能够呈直线型流下就可以关火了。趁热将熬好的梨汁银耳膏倒入提前消毒的罐子里，拧上盖子后放凉，密封保存即可。

1

2

3

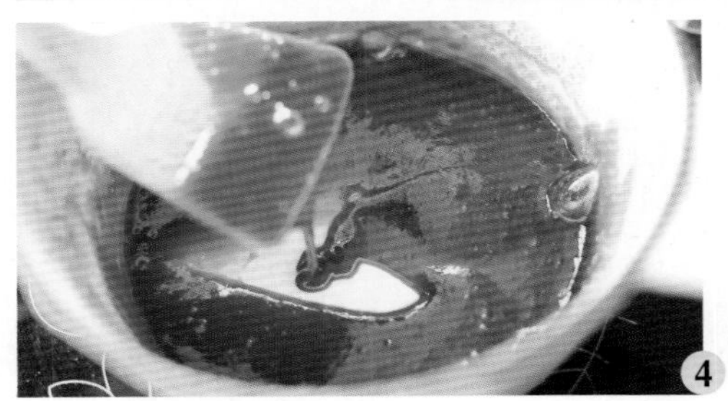
4

如果有川贝粉也可以放进去一起熬煮。梨汁膏用的食材都偏寒些，加点生姜、大枣进去正好可以中和一些。

桑葚枸杞膏

桑葚有着“水果中的乌鸡白凤丸”之称，因为它有滋阴、补血、养肾的功效，可以说是一种既滋补又不会让人上火的水果。除了对女性“友好”外，它还能延缓衰老。像一些年纪不大却容易长白头发特别是两鬓边长白发的人，不妨多吃点桑葚来协助调理。只不过新鲜的桑葚保存期太短，所以将其熬成桑葚膏或者晒成桑葚干，可以让我们长期吃。

食材和时间

分量 一罐

时间 30 分钟

材料

桑葚干……250 克
（用新鲜桑葚更好）

枸杞……50 克

黑糖……60 克

纯净水……适量

扫码看视频

步骤

1. 把所有材料都准备好。我用的黑糖，你也可以换成红糖或者蜂蜜。
2. 桑葚干需要先倒入适量的纯净水浸泡十多分钟。
3. 如果用鲜桑葚就不用加水了，直接放进破壁机里打成桑葚糊糊。用桑葚干，就浸泡一会儿，和少许浸泡的汤汁放进破壁机，也是打成糊糊。
4. 黑糖提前敲碎一些，化得快。倒入打好的桑葚糊糊中开始用锅熬煮，一直煮到糖全部化开。
5. 再倒入洗干净的枸杞一起翻炒。
6. 炒到用刮刀在锅底刮过，痕迹不会马上消失的状态就可以了。趁热将炒好的桑葚枸杞膏倒入消毒的罐子中，然后盖上盖子倒扣。放凉后放到冰箱内冷藏保存就可以了。

1. 用鲜桑葚就不要加水了，直接将桑葚捣烂或者用破壁机打成糊糊后炒到变黏稠就可以了。我用的桑葚干，所以需要先加水泡一会儿再打成糊糊。

2. 桑葚枸杞膏的吃法还是挺多的，最省事就是每天取两三勺加热水冲服。还可以当果酱使用，用来抹吐司啥的。做面包夹馅儿的时候，也可以跟奶油奶酪混合打发增添滋味。喜欢做面食的，更可以放少许进去一起揉面。

陈皮红豆馅儿

这款自己熬的陈皮红豆沙馅儿，外观看着普通，但入口时却会有一股淡淡的陈皮香味。它和红豆的清甜口感混合在一起，让人吃完之后感觉真是唇齿留香。吃过它以后，就再也瞧不上外面卖得那些又甜又腻的红豆沙馅儿了。

食材和时间

分量 一大碗

时间 60 分钟左右（不含浸泡时间）

材料

干红豆..........300 克

水..........一大碗

陈皮..........8 克

细砂糖..........120 克

麦芽糖..........50 克

花生油..........80 克

步骤

1. 干红豆需要提前浸泡 6 小时以上。我是直接放冰箱里浸泡过夜了。
2. 锅中倒入水、陈皮和泡好的红豆。开始煮吧。
3. 一直煮到红豆变得烂烂的，这个过程大约需要 40 分钟。赶时间的读者也可以将其放入电饭煲或者压力锅中煮制，可以快一点儿。
4. 煮好的红豆连着汤汁一起倒入破壁机中。启动果蔬模式。打成细腻的红豆糊。
5. 将打好的红豆糊倒入不粘炒锅中，倒入细砂糖、麦芽糖和花生油。
6. 不停地翻炒，炒到红豆沙变成接近固体并且可以随意塑形的状态即可。

1. 红豆需要提前浸泡 6 小时以上，否则熬煮的时间就会很长。你也可以用压力煲来煮，更快一些。红豆沙用破壁机打过后再炒会更加细腻，无颗粒感。

2. 没有麦芽糖就用 40 克细砂糖代替。麦芽糖会让馅儿更好吃还不那么甜腻。花生油的量不能再减了。加入油可以让馅料更顺滑、更易塑形，否则放凉后馅儿会变得干硬。

3. 陈皮不要省略，跟着红豆沙一起熬煮打成糊糊后，会给红豆沙提香并且让成品吃起来甜而不腻。

4. 因为没有添加剂，所以这款陈皮红豆馅儿需要密封好冷藏保存并尽快吃完。

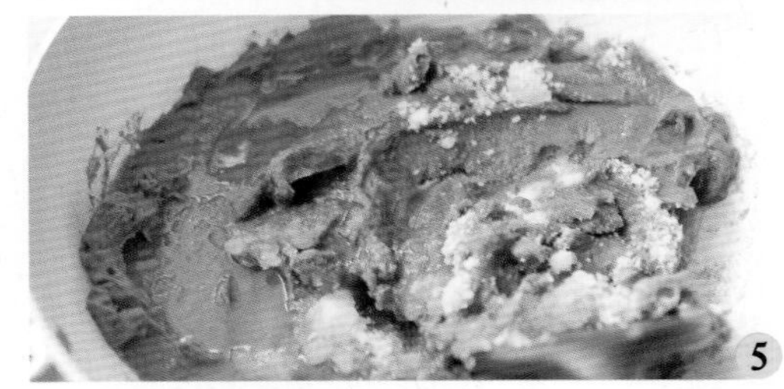

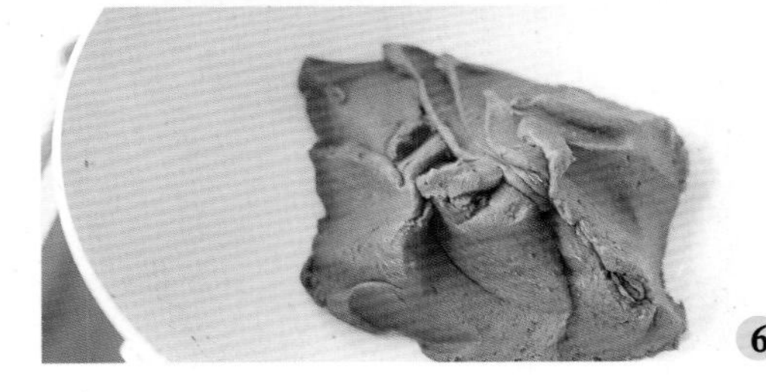

黄金面包糠

对喜欢吃炸鸡的人来说，外面那层金灿灿又酥脆的面包糠是必不可少的。家里的吐司吃不完，我们会犯愁剩下的怎么办。这道黄金面包糠，轻松解决这两个问题。将原本被大家嫌弃的剩吐司做成面包糠，直接成为大人、小孩都爱的炸货的酥脆外壳。它吃起来让人感觉回味无穷。

扫码看视频

食材和时间

分量 一袋
时间 15 分钟
材料 南瓜吐司半个或普通吐司 1 个

步骤

1. 将吐司切成块，放到烤盘里。
2. 送入烤箱，用 180℃烘烤 10 分钟左右。
3. 烤到吐司变干、变硬就可以了。
4. 放凉以后，放到研磨杯里。用一挡搅拌 10 秒左右。
5. 再用二挡或者三挡搅打 10 秒钟。这样打出来的面包糠就会更细腻一些。放在干燥处密封保存即可。

1. 做面包糠用吃剩下的吐司即可，要选择没有夹馅儿的那种。想做黄金色的面包糠就用南瓜吐司。南瓜吐司的做法可扫描前页二维码观看视频。

2. 面包切成小块后烤干的速度比较快，要烘烤到比较干、比较硬的状态，用 180℃烤 10 分钟就差不多了，别烤煳了。

3. 打面包糠要选择低速，我是先用一挡打 10 秒，再换三挡打 10 秒，感觉就差不多了。打好的面包糠要密封，在干燥处保存，平时制作鸡翅、鸡腿、丸子等都可以裹上自制的面包糠。

油泼辣子

陕西有个“八大怪”，其中有一“怪”就是油泼辣子。不管拌凉菜还是拌面条，都是不能缺少它的。其实制作油泼辣子有很多种方法，各家有各家的秘方。正宗与否对咱们来说不重要，只要调出自己喜欢的口味就够了。

食材和时间

分量 一碗

时间 20 分钟（不含融合时间）

材料 香料材料：

八角……3 个
香叶……3 片
花椒……5 克
小茴香……5 克
洋葱……1/4 个
生姜……3 片
葱段……4 ~ 5 段
大蒜……2 瓣
玉米油……50 克左右
盐……3 克
香醋……10 克

辣子材料：

干辣椒……80 克
熟白芝麻……12 克
熟花生碎……15 克

步骤

1. 先做辣子部分。我用了差不多 80 克干辣椒，放到破壁机的研磨杯中。
2. 用最低挡打二三十秒，辣椒变成颗粒有点粗的辣椒碎，能看到完整的辣椒籽的样子。
3. 将辣椒碎倒出来一半，剩下的一半继续用高速搅打 20 秒。
4. 打成很细腻的辣椒面了。
5. 辣椒碎和辣椒面都做好了，分别各取两勺倒入耐高温的碗中。
6. 再倒入熟白芝麻、熟花生碎，略微拌匀，备用。

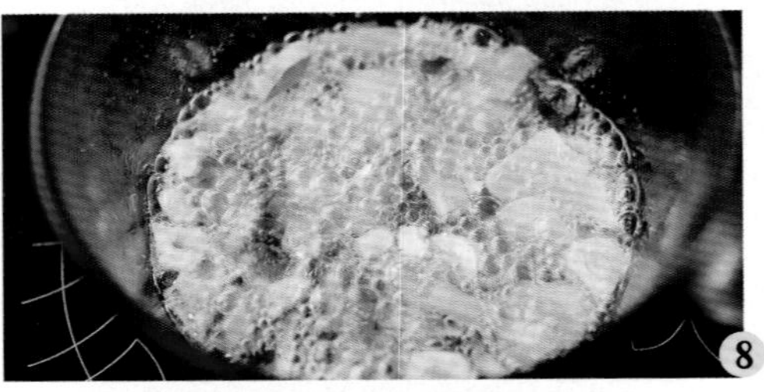

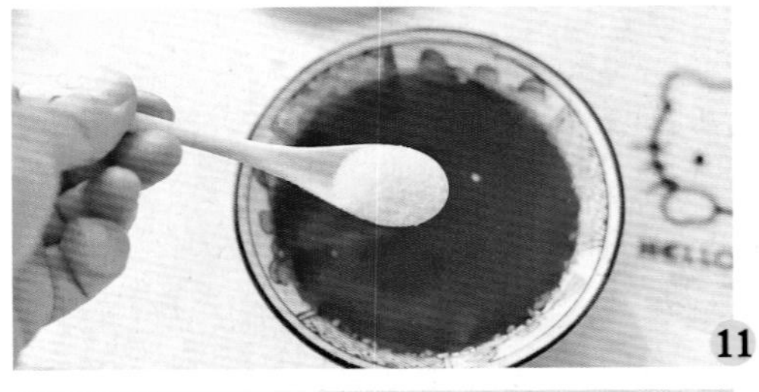

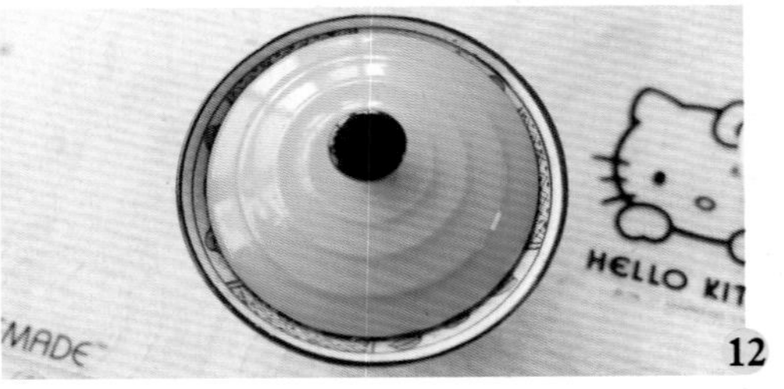

7. 开始准备香料部分。洋葱切丁，蒜切片，姜切丝，葱段、八角、花椒、香叶、小茴香也都准备好。
8. 锅中倒入玉米油，中火烧到六成热后倒入刚才准备好的香料材料。用中小火加热慢慢炸，炸出香味。
9. 炸到材料有些微黄，用滤网将材料都过滤出来，留下清澈的底油。
10. 将底油分两次倒入辣子中。第一次倒进去后搅拌均匀至无干辣椒。第二次倒入后再次搅拌。
11. 倒入盐和香醋。
12. 盖上盖子，等一天的时间，让材料充分融合后再用。

“婶子碎碎念”

1. 香料部分食材可以直接用十三香代替，做出的成品的味道差不多一样。辣椒碎和辣椒面的配比为 1 ：1。最后加香醋，可以让辣子颜色更加红亮。

2. 烧热的油不要马上浇到辣椒上，否则容易将辣椒烫煳，可以等油温凉到 180℃内再浇。

3. 刚做好的油泼辣子还不够入味，需要盖上盖子放一天再吃，味道更好。

第五篇 有荤有素 粗细搭配 主食、菜肴

只有想不到，没有做不到，这可能就是用破壁机来做日常饮食的最大感受了。有了它，你就可以大展身手，解决一日三餐的问题。比如用杂粮粉做出好吃的糖三角，用豆渣蒸出香喷喷的刀切馒头，还可以做出清爽的猪皮冻，宝宝爱吃的午餐肉、鱼肠等等，真乃“吃货”之福。

麻汁豇豆

夏天胃口不好时，用芝麻酱调一份酱汁，淋在这盘青翠欲滴的豇豆上。一道开胃爽口的凉拌菜就做好了。这里的芝麻酱，一定要用自己亲手做的，才够纯、够味。有了它，就能做出万能的凉拌酱了。

扫码看视频

食材和时间

分量 一盘

时间 20分钟

材料 豇豆……250克

芝麻酱……40克

陈醋……10克

生抽……12克

盐……1克

大蒜……4瓣

步骤

1. 豇豆洗净后切5～6厘米的段，放到开水里烫2～3分钟至熟透。
2. 烫熟的豇豆马上放到凉水里浸泡，捞出来沥干水。
3. 准备好用破壁机做的芝麻酱。大蒜切粒。其他材料也都准备好。
4. 在芝麻酱里放入盐，拌匀，再倒入陈醋、生抽。
5. 充分拌匀后，麻汁酱就做好了。
6. 豇豆放到盘子中码好，表面铺上蒜粒，然后再淋上调好的麻汁酱就可以了。

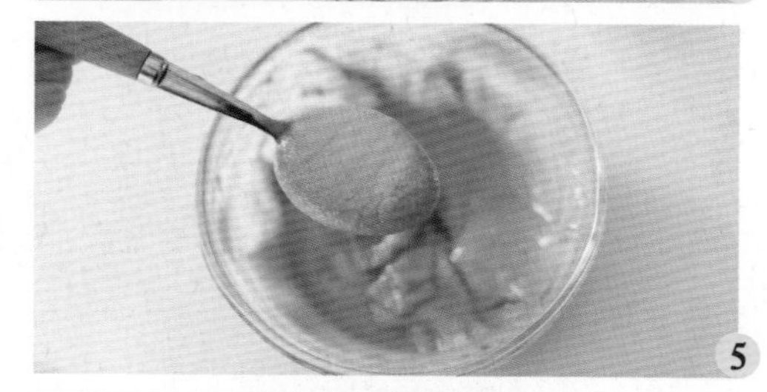

“婶子碎碎念”

1. 芝麻酱的做法可以参考本书的第147页。没有自制的，也可以用市售的。

2. 烫豇豆时也可以在水里放点油和盐让豇豆颜色更加翠绿。喜欢吃辣的也可以切点小米辣进去一起拌。

扫码看视频

芝士鱼豆腐

说起鱼豆腐，我们就会想起火锅、关东煮这些美食来。它看着很像豆腐泡，吃下去却口感弹滑，有着鱼肉的鲜香。不过市售的鱼豆腐往往鱼肉含量很低，大部分是淀粉。不如去买点新鲜鱼肉自己做。

食材和时间

分量 8 串

时间 60 分钟（不含晾凉时间）

材料

材料	用量
龙利鱼肉	350 克
玉米淀粉	50 克
鸡蛋	1 个
料酒	10 克
姜片	2 片
白糖	12 克
盐	3 克
白胡椒粉	1 克
椒盐粉	1 克
生抽	25 克
芝士片	2 片
植物油	少许

步骤

1. 龙利鱼肉切小块，倒入料酒和切成丝的姜，抓匀，腌制 10 分钟以上去去腥气。其他材料也都准备好。
2. 在破壁机的研磨杯中放入鱼肉和腌鱼的姜丝，再倒入白糖、盐、白胡椒粉、椒盐粉和生抽。用二挡开始搅打，直到鱼肉变成细腻的鱼肉泥。
3. 磕入鸡蛋，放入玉米淀粉，用硅胶刮刀将材料略微拌一拌。
4. 盖上盖子继续用二挡打 15 秒左右。此时细腻的鱼肉泥变成比较筋道的鱼肉泥了。

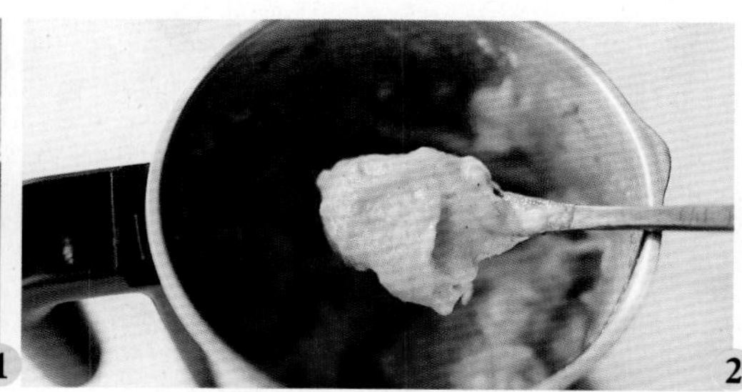

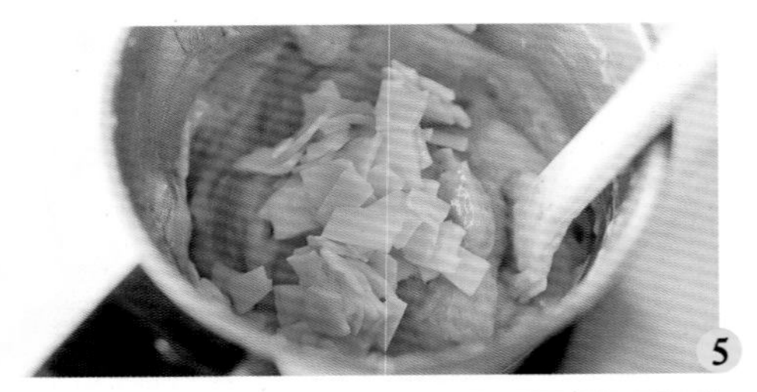

5

6

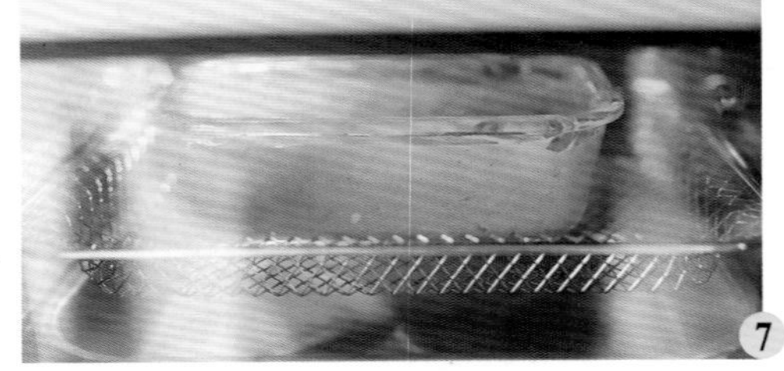

7

8

9

10

5. 将芝士片切成小块，倒入打好的鱼泥中，用刮刀稍微拌匀。
6. 在耐高温的容器里刷一层植物油防粘。然后倒入芝士鱼肉泥，将它压紧。鱼肉泥中间尽量不要留空隙，用牙签在表面戳一些小眼儿。
7. 用大火蒸30分钟或用烤箱以上下火160℃烤25分钟左右。鱼豆腐块就做好了。
8. 将鱼豆腐块脱模，放凉。热的时候里面的芝士是液态的，不好切成块。
9. 凉下来后把不规则的四边切掉，然后切成小块。
10. 在不粘锅中倒少许油，将鱼豆腐煎到呈金黄色即可。

“婶子碎碎念”

1. 尽量用无刺或者少刺的鱼来做。加入淀粉后鱼肉要充分搅拌让它上劲儿，这样做出来的鱼豆腐口感才比较筋道一些。鱼肉里加的椒盐粉我用的是自制的，其做法可以参考本书第128页。

2. 这款鱼豆腐烤或者蒸都可以。如果用烤的烹饪法，鱼豆腐表面会膨胀、鼓起。如果用蒸的烹饪法，要在表面盖一层保鲜膜，防止水珠滴落在表面上，但需要在保鲜膜上扎几个小眼儿透气。

黑豆日本豆腐

很多人喜欢吃日本豆腐，其实它又被称为鸡蛋豆腐或者玉子豆腐，是以鸡蛋为主要原料做成的，比普通豆腐更加爽滑鲜嫩。这款用黑豆浆和鸡蛋蒸出来的黑豆豆腐，也有类似的嫩滑口感。爱吃豆腐的人，不妨试一试这一款。

扫码看视频

食材和时间

模具 长 21 厘米、宽 17 厘米、深 5 厘米的长方盘一个

时间 60 分钟（不含浸泡时间）

材料 干黑豆……80 克
水……600 毫升
鸡蛋……4 个

步骤

1. 黑豆需要提前泡发，这样出的浆比较多。
2. 将泡好的湿黑豆放入破壁机里，加入水，选择豆浆模式。
3. 做好的黑豆浆已经很细腻了，但做豆腐需要将豆浆用纱布过滤后再用，否则成品的口感会沙沙的。我用了两个过滤网一起过滤，取 300 克左右的黑豆浆做豆腐。
4. 鸡蛋打散、打匀，过一遍筛。
5. 将鸡蛋液倒入黑豆浆中拌匀。
6. 倒入提前抹了油（分量外）或者铺了耐高温保鲜膜的容器中。

7. 送入蒸锅中火蒸 25 分钟左右。
8. 蒸好的黑豆浆鸡蛋液凝固后，拿出来略微放凉。
9. 豆腐脱模，切块，也可以用饼干模切成花型。
10. 切好的豆腐可以炖、煮，也可以炒菜用。但因为它比较嫩，所以翻炒时不要太用力。

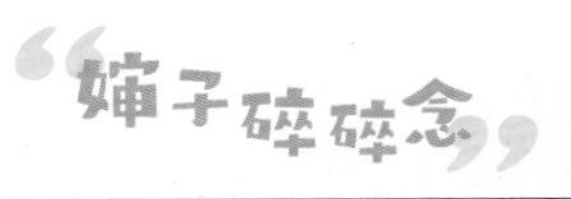

1. 我用了 300 克豆浆配 4 个鸡蛋，也就是 300 克豆浆搭配 200 克左右鸡蛋液，刚刚好。你也可以用黄豆来做，用它做出来的成品的颜色更接近普通日本豆腐的颜色。

2. 豆浆和鸡蛋液都需要过滤后再用，否则做出的成品口感会沙沙的。你也可以加入少许盐或者调味料给这款豆腐调味。

3. 蒸的容器里要提前抹油或者铺上耐高温的保鲜膜，方便脱模。蒸的时间需要 20 分钟以上。用蒸箱蒸不用盖保鲜膜，而用蒸锅蒸，因为它容易滴水，所以最好给方盘盖上盖子或者包上保鲜膜。

三色果蔬豆腐

豆腐这种食物大家都经常吃，但用蔬菜做的豆腐却不常见。不用石膏也不用卤水，只要加入一点内酯就可以做出色彩鲜艳且美味可口的豆腐。如果实在买不到内酯，也可以用 10 克白醋代替。

食材和时间

分量 3 块

时间 120 分钟（不含浸泡和压制时间）

材料 黄色豆腐材料：

干黄豆……100 克
胡萝卜……小半根
凉水……1000 毫升
内酯……3 克
温水……25 毫升

绿色豆腐材料：

干黄豆……100 克
菠菜……一小把
凉水……1000 毫升
内酯……3 克
温水……25 毫升

白色豆腐材料：

干黄豆……100 克
凉水……1000 毫升
内酯……3 克
温水……25 毫升

步骤

1. 干黄豆都需要提前泡发好。黄豆泡发后的重量比原来差不多增加一倍，也就是湿黄豆的重量为 200 克左右。200 克泡好的黄豆和切成块的胡萝卜、凉水混合。200 克泡好的黄豆和菠菜、凉水混合。还有 200 克泡好的黄豆和凉水混合。

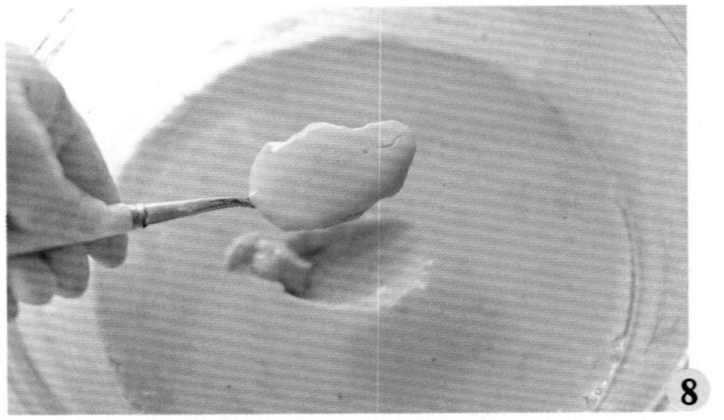

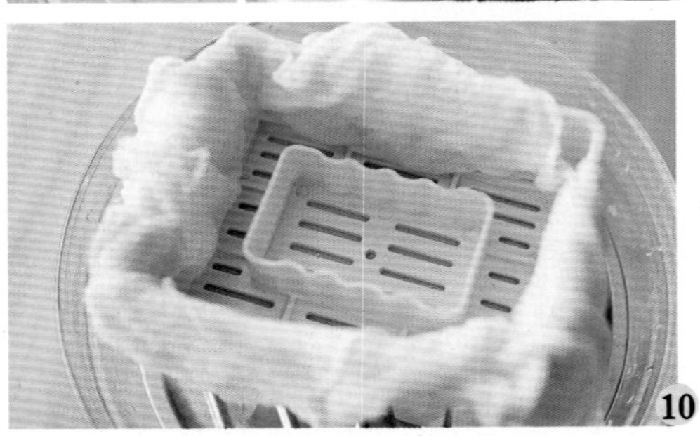

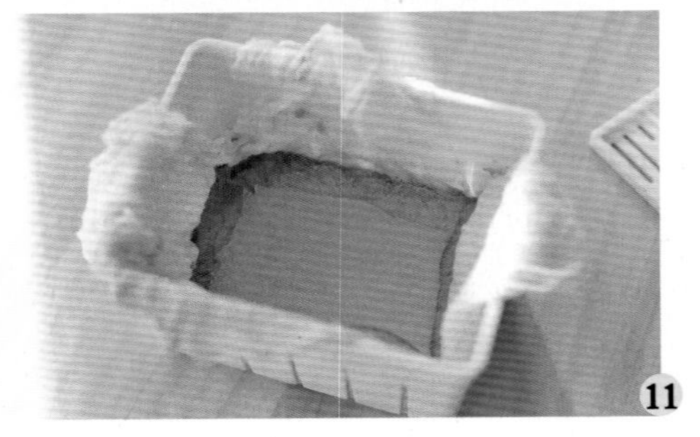

2. 分别放到破壁机里，启动豆浆模式。
3. 程序都结束后，黄色、绿色和白色的豆浆就做好了。
4. 做豆腐必须用很细的过滤网过筛豆浆。我用了两个过滤网叠放后过滤。这样出来的豆浆就很纯了。你也可以用两层细纱布来过滤。
5. 将两个滤网分开后看一下，可以看到豆渣已经很细腻了。
6. 将内酯分别放入温水中化开，做成内脂液。将过滤好的豆浆冷却到 70 ~ 90℃，就可以将内酯液倒入了。
7. 略微搅拌，盖上盖子等待它凝固。
8. 大约 30 分钟后打开盖子。用勺子已经可以舀成图中的块状了。
9. 将豆腐盒蒙上纱布，然后将凝固的了豆浆块舀进去。
10. 舀完后，先盖一层纱布，将豆腐盒带把手的盖子压上去，然后用力往下压一压，能看到有不少水从底下出来了。
11. 多按压几次后，在表面压上重物，压 2 ~ 3 小时等豆腐凝固成块即可。图中是做好的豆腐，能看到已经成型了。此时将整块豆腐脱模出来就可以了。

实在买不到内酯也可以用 10 克白醋代替。顺着边缘倒入白醋，一边搅拌一边倒，之后将豆浆煮沸，稍微降温后就会看到豆花和水分离了。用白醋虽然也可以做出豆腐，但是这样做出的豆腐吃起来有酸味，所以尽量还是用内酯做。

素炒豆渣松

豆渣松的外表很接近肉松，虽然味道比不上肉松那么香，但是我们炒上这么一大锅，喝粥的时候舀两勺进去，感觉也是很好吃的。做面包的时候，也可以把它和沙拉酱一起当馅料或者裹在面包的外壳上做装饰用。它的用处还是很大的。

食材和时间

分量 一碗

时间 40分钟（不含晾凉时间）

材料

- 干黄豆……130克
- 水……500毫升
- 生抽……25克
- 鱼露……20克
- 白糖……25克
- 盐……3克
- 海苔……1片
- 白芝麻……15克
- 自制味精……2克

步骤

1. 将干黄豆倒入破壁机中，倒入水，用加热模式，煮 25 分钟左右至熟。煮好以后，用低速搅打 30 ～ 40 秒。材料会变成有细小颗粒感的豆浆。
2. 用过滤网将豆渣过滤出来。大约得到 400 克豆渣。
3. 将炒豆渣用的材料都准备好。
4. 将豆渣倒入不粘锅中，这时候豆渣还挺湿的。开中火不停地翻炒，炒到豆渣呈现半干的状态。
5. 将生抽、鱼露、白糖、盐、自制味精都倒进去，翻拌均匀。继续翻炒到豆渣差不多变干，用铲子舀起来豆渣，它能够像沙子一样散落。
6. 倒入提前剪好的海苔条和白芝麻。继续翻炒，炒到所有的材料完全变干。将豆渣松放凉，然后放到干燥的容器内冷藏即可。

“婶子碎碎念”

1. 要做这款豆渣松需要用低速搅打豆子，这样才能得到适合做豆渣松的豆渣。我用的二挡，打了三十多秒。这样出来的豆渣比较合适。你的破壁机如果不能调速，也可以打 10 秒停下机器，看看豆浆的状态。里面有渣子了就停机即可。

2. 滤出来的豆渣，也可以加入胡萝卜或者其他蔬菜炒成一道豆渣菜。豆渣需要先炒一炒再放入调味料，翻炒到完全变干。芝麻和海苔炒制时间长了容易煳，所以最后再放。自制味精的做法可以看本书的第 114 页。

甜咸豆花

豆花向来有甜咸两派之争。有人偏爱甜豆花，就爱它那甜甜蜜蜜、交杂着豆香的味道；也有人偏爱咸豆花，将它加入虾皮、榨菜、辣椒酱当早餐来吃。不管你爱好哪一种，一次做两碗总不会错的。

食材和时间

分量 4 碗

时间 60 分钟左右（不含浸泡时间）

材料 豆花材料：

干黄豆……100 克
凉水……1000 毫升
内酯……3 克
温水……25 毫升

甜豆花配料：

蜜红豆……25 克
杧果丁……30 克
桂花蜜……15 克
椰汁……20 克
椰丝……少许

咸豆花配料：

香菇……1 ~ 2 朵
木耳……20 克
榨菜……15 克
花生碎……一撮
辣椒酱……10 克
生抽……10 克
香菜……少许
虾皮……少许
植物油……4 克

步骤

1. 干黄豆提前充分泡发好，放入破壁机中，再倒入凉水。
2. 选择豆浆模式。
3. 打好的豆浆已经很细腻了，但需要再用纱布过滤。
4. 过滤好的豆浆可以做豆花了。豆浆如果凉了，可以再将它加热，使其温度到 80℃以上。

5. 将内酯用温水化开，然后倒入豆浆中，略微搅拌。盖上盖子不动它，等待 20 分钟以上，让它凝固。
6. 来准备配料吧。木耳提前泡发，切小块。香菇切小块。榨菜切小块。蜜红豆、椰汁都准备好。
7. 锅中放一点油，放入榨菜、香菇和木耳，炒熟后盛出。
8. 凝固好的豆花用勺子可以挖起一大块了。在两个碗中分别舀入适量的豆花。
9. 在豆花上撒上刚炒熟的木耳、香菇和榨菜，放辣椒酱，淋生抽，再撒点虾皮、花生碎和香菜。做成的是咸豆花。在豆花上放椰汁、蜜红豆、杧果丁、桂花蜜，再撒点椰丝。做成的就是甜豆花。

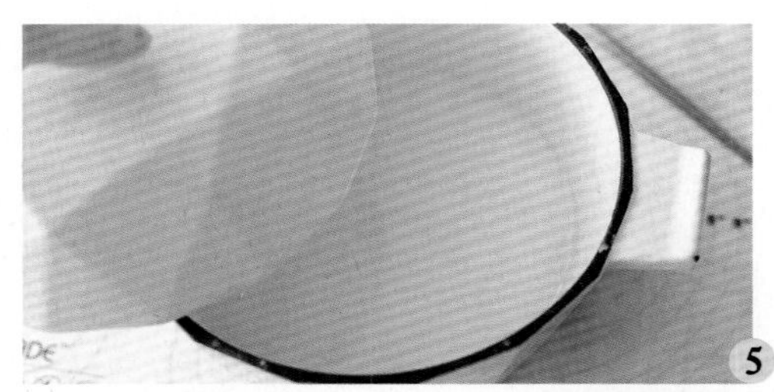

“婶子碎碎念”

1. 做豆花的豆浆一定要用纱布过滤到很细腻的状态，做出的成品才顺滑。如果只用过滤网过滤，做出的成品口感较粗糙。

2. 豆浆用破壁机煮熟后过滤，有点烫手。你也可以用破壁机打出生豆浆先过滤，再煮熟。

3. 内酯液要等到豆浆温度在 80 ~ 90℃之间时再放入。没有温度计就在豆浆煮沸后，等待 2 ~ 3 分钟后放入。倒入内酯液后不要动碗，否则豆浆不容易凝固。

油条咸豆浆

这是一道我们全家都爱吃的咸豆浆。提前将榨菜切碎，然后和虾皮、生抽、葱花放到碗里，再把酥脆的油条撕成小块儿放进去，冲入热乎乎的豆浆后略微一拌，一碗咸香十足的早餐食品就做好了。它让人吃起来非常有满足感。能吃辣的，还可以淋点辣椒油进去，感觉更香呢。

扫码看视频

食材和时间

分量 3人份

时间 30分钟（不含浸泡时间）

材料

干黄豆……80克

水……800毫升

油条……1根

虾皮……8克

榨菜……15克

海苔片……少许

生抽……10克

盐……2克

葱花……少许

步骤

1. 干黄豆提前泡发，然后和水倒入破壁机中，执行豆浆模式做好豆浆。
2. 油条撕成小块，榨菜切丁，海苔片剪小段。
3. 将油条、榨菜、虾皮、海苔、葱花倒入碗中，倒入生抽，再放盐。
4. 冲入刚才做好的热豆浆。将油条浸泡到软后就可以吃了。

1. 用刚炸好的油条，做出的这款食品最好吃。如果油条已经凉了可以用烤箱或者空气炸锅，以160℃烤五六分钟，再撕成小块儿用豆浆冲泡。

2. 调味料可以根据大家的口味进行调整，但榨菜丝、虾皮和葱花最好不要省略。你也可以放点熟肉末或者熟花生碎，做出的成品更好吃。

老北京面茶

面茶，是一种流行于京津地区的特色传统风味小吃。做法就是用糜子面或小米面煮成糊状物，在表面淋上芝麻酱，撒上芝麻盐即可。喝的时候不用勺也不用筷子。要一手拿碗，把嘴巴拢起，贴着碗边，转着圈吸溜着喝。每喝一口，嘴里既有芝麻酱又有面茶，要的就是这种感觉。

食材和时间

分量 2 人份

时间 30 分钟

材料

小米……50 克
芝麻酱……40 克
芝麻……7 克
盐……1 克
水……300 毫升
香油……9 克

1

2

步骤

1. 小米提前洗干净，烘干，倒入破壁机研磨杯中。
2. 开启搅打模式，先用低挡再用高挡搅打 1 分钟左右。打成细腻无颗粒感的小米粉。小米粉也可以多打些，取出 50 克粉做面茶，剩下的密封保存。
3. 所有的材料都准备好。
4. 将芝麻和盐都倒入锅中，用中小火炒香，盛出。
5. 放到保鲜袋中用擀面杖来回擀压，做成芝麻盐。将芝麻擀破皮，这样吃起来更香。
6. 芝麻酱中倒入香油，拌匀。
7. 锅中倒入 50 克小米粉，倒入凉水。将两者拌匀。开中火加热，一边加热，一边搅拌，熬煮到小米汤开始变黏稠，达到玉米糁子粥那样的厚度即可。
8. 将熬好的小米面糊倒入碗中，再淋上刚才调好的芝麻酱，表面撒芝麻盐即可。

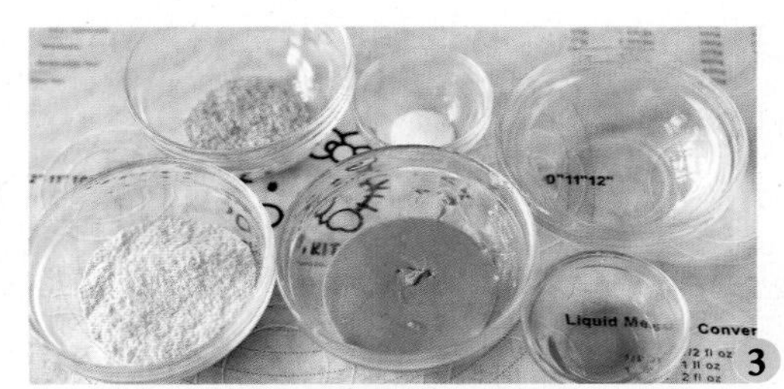
3

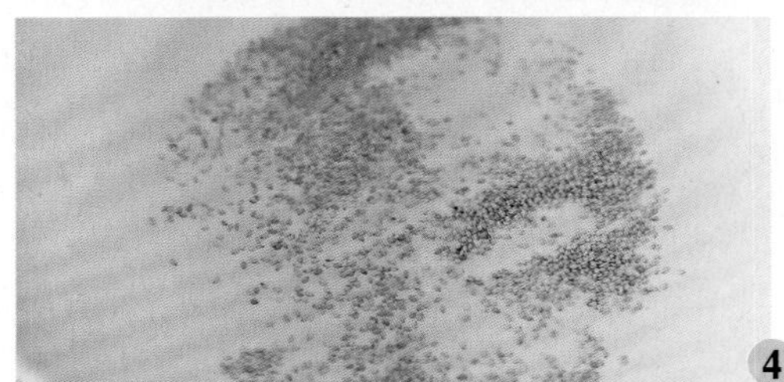
4

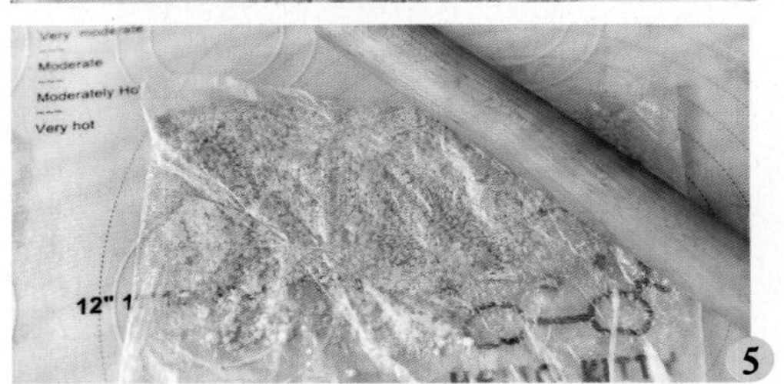
5

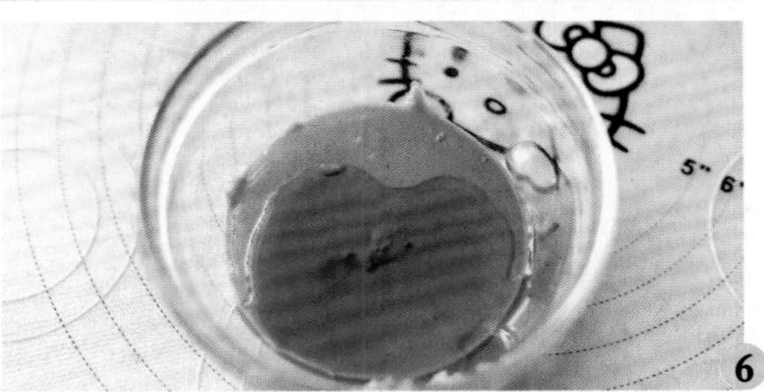
6

7

8

婶子碎碎念

1. 这是家庭版面茶的做法，比较简单。有条件的读者，可以用糜子面来做。

2. 这碗面茶的味道全靠芝麻盐调，所以最好将芝麻和盐一起炒了再擀压后，放到面茶中，这样做出的成品比较香。芝麻酱做法可以参考本书第 147 页。

藕碎猪皮冻

弹滑爽口的猪皮冻很多人都爱吃。它是将猪皮加入适当的调料，进行长时间熬制，再冷却制成的。传统的猪皮冻得熬 1 个小时以上。有了破壁机以后，我们可以大大缩短这个时间。加一些清脆的藕碎进去，还可以清除掉猪皮冻的油腻感。

食材和时间

分量 四人份

时间 60 分钟（不含冷藏时间）

材料 猪皮冻材料：

莲藕……180 克
猪皮……380 克
大葱段……4 ~ 5 段
姜片……4 ~ 5 片
老抽……10 克
生抽……25 克
料酒……40 克
盐……3 克
花椒……5 克
桂皮……5 克
香叶……3 ~ 4 片

淋汁和配菜：

生抽……10 克
米醋……15 克
香菜……少许

步骤

1. 将莲藕切成藕碎。
2. 锅中加入水，烧开，倒入藕碎。煮熟后捞出来，沥干水备用。
3. 锅中再放入水，烧开，放入 20 克料酒、2 片姜片，然后将猪皮放进去煮 10 分钟。
4. 将煮好的猪皮捞出来，冲去表面的浮沫，然后切成条。
5. 锅中重新放入猪皮，然后将大葱段、剩下的姜片、花椒、香叶、桂皮、生抽、老抽、20 克料酒、盐都放进去。
6. 加入能够没过所有食材的水，开大火煮到汤汁沸腾后继续煮 7 ~ 8 分钟至入味。

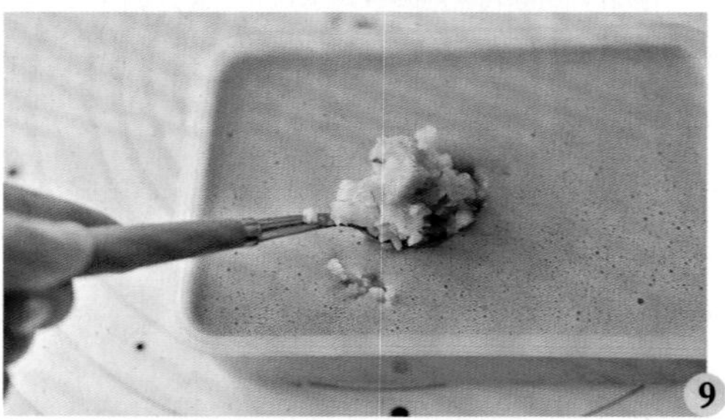

7. 关火后用滤网将调味料都过滤出来，只留猪皮和煮剩下的汤汁。
8. 将猪皮和汤汁都放进破壁机中，高速搅打成细腻的猪皮糊。
9. 将猪皮糊倒入容器中，再将刚才沥干水的藕碎都放进去，稍微拌匀。
10. 放凉后放进冰箱冷藏过夜，至猪皮冻完全凝固，倒扣脱模。
11. 将猪皮冻切成小方块，装盘后淋点生抽、米醋，加入香菜即可。

“婶子碎碎念”

1. 猪皮要用除了毛、比较干净的。煮好以后可以先用刀将猪皮上的油脂刮净，这样做出来的猪皮冻更干净。用调味料煮猪皮条时用的水，以能没过所有食材为好。我大约加了 400 毫升水。

2. 传统做法需要将猪皮熬煮 1 个小时以上。用破壁机做，只需要将猪皮煮十几分钟至入味，连同汤汁一起打浆，冷藏就可以了。

3. 用破壁机打好的猪皮糊表面会有一层细密的泡沫。放入藕碎后，它们也会下沉，所以脱模切块后，我们可以将表面这层无藕碎的部分切掉。

宝宝午餐肉

猪肉是补铁、补锌的红肉。做成午餐肉后，那鲜香味美的口感让宝宝们难以抗拒。特别是在煮面、煮汤时放点进去，既方便又美味。

食材和时间

模具 长 17 厘米、宽 13 厘米、高 6 厘米的保鲜盒一个

时间 60 分钟（不含腌制时间）

材料
猪肉……500 克
蚝油……15 克
生抽……20 克
料酒……10 克
盐……3 克
白糖……12 克
白胡椒粉……1 克
鸡蛋……1 个
玉米淀粉……7 克
水……10 毫升
大蒜……4 瓣
姜片……2 片
熟玉米粒……30 克

1

2

步骤

1. 猪肉切小块，大蒜也切一切。
2. 将猪肉和姜片、蒜一起放进破壁机研磨杯里，再倒入蚝油、生抽、料酒、盐、白糖和白胡椒粉。将淀粉和水混合成淀粉水后也倒进破壁机内，最后打入1个鸡蛋。
3. 先低速搅打10秒钟，再换高速搅打。打完的猪肉就呈现很细腻的状态了。
4. 将打好的肉舀入大碗中腌制两小时或冷藏过夜。
5. 在腌好的肉中放入熟玉米粒，略微拌匀。
6. 在耐高温的保鲜盒里提前抹油（分量外），将肉放进去按压铺平，一定要压紧一些，避免内部有气孔。
7. 将保鲜盒放到蒸锅或者蒸箱里，盖上盖子用大火蒸30分钟左右。
8. 蒸好以后将午餐肉倒扣出来放凉，切片即可。

“婶子碎碎念”

1. 用猪前肘部分做的午餐肉比较好吃。这部分肥肉较少。如果小朋友不喜欢蒜味，也可省略大蒜。

2. 肉腌好后可以舀一勺，用不粘锅煎熟尝尝咸淡，再根据口味调整。

3. 想让午餐肉和市售的一样发红，可以放入2～3克的红曲粉进去。

4. 用破壁机搅打肉，需要扶一下杯子以免杯体晃动，搅打9～10秒就停下看看状态，再决定要不要继续搅打。

粉蒸鸡胸肉

鸡胸肉除了煎着吃、炒着吃，还可以清蒸，特别是放上自己做的蒸肉米粉后，蒸出来的味道更加鲜香。减肥的读者，也可以直接把这款粉蒸鸡肉当主食和菜一起吃。这款蒸肉外面是咸香的黏糯口感，里面则是鸡肉的鲜嫩，感觉比炒的还好吃。

扫码看视频

食材和时间

分量 一盘

时间 50 分钟（不含腌制时间）

材料 鸡胸肉................................1 块
南瓜................................300 克
自制蒸肉米粉......................60 克
生抽.................................10 克
料酒.................................10 克
盐....................................3 克
黑胡椒碎............................1 克
葱花................................少许

步骤

1. 鸡胸肉切成片，加入生抽、料酒、黑胡椒碎和盐，抓匀后腌制 20 分钟以上至入味。
2. 南瓜切成容易蒸熟的片或条。
3. 找一个比较深的盘子，将南瓜铺进去。
4. 往腌制好的鸡胸肉片里舀入 60 克蒸肉米粉。充分拌匀，让每一片鸡肉都能够裹满米粉。
5. 将裹好粉的鸡肉铺到南瓜上面。送到蒸锅或者是蒸箱内用大火蒸 30 分钟左右，撒葱花装饰即可。

1. 蒸肉米粉我用了自己做的，也可以用市售的。自制蒸肉米粉的做法可见本书第 130 页。

2. 南瓜也可以换成土豆或者山药等食材。不用给配菜调味，因为蒸肉蒸出来的汁水会流到配菜上给它们增加味道的。

胡萝卜鸡肉丸

这款加了胡萝卜和燕麦片的鸡肉丸，是我家的小朋友们经常点名要做的。将材料放进破壁机里打成肉泥，团一团，裹上面包糠，烤一下就行了，连油炸都免了。不知道给小朋友做什么好吃的，就带着他们一起团丸子吧。

食材和时间

分量 大约 20 个

时间 30 分钟

材料

- 鸡胸肉……300 克
- 胡萝卜……70 克
- 大蒜……1 瓣
- 生抽……20 克
- 盐……3 克
- 白胡椒粉……1 克
- 鸡蛋清……1 个
- 即食燕麦片……30 克
- 玉米粒……20 克左右
- 面包糠……一小碗

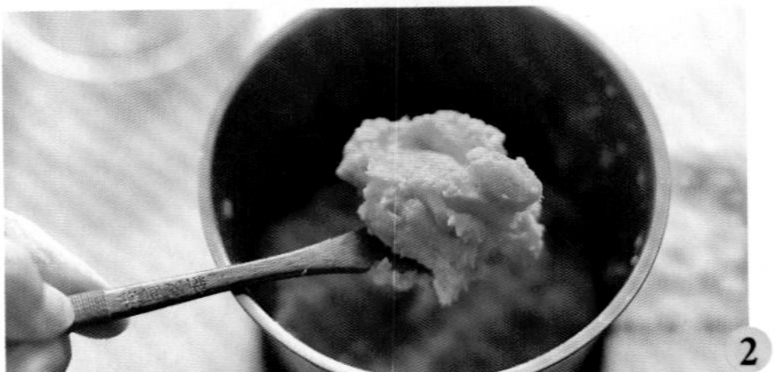

步骤

1. 鸡胸肉切小块，胡萝卜切块。大蒜切片。将鸡胸肉、胡萝卜和蒜片倒入破壁机研磨杯中。
2. 先用三挡打 25 秒，再用六挡打 15 秒，直到材料变成胡萝卜鸡肉泥。
3. 倒入生抽、盐、白胡椒粉、鸡蛋清、即食燕麦片继续搅打，直到变成细腻且有些上劲儿的鸡肉泥。
4. 将鸡肉泥舀出来，倒入玉米粒，略微拌匀。
5. 手上抹油（分量外），取适量鸡肉馅儿团成一个球。
6. 将鸡肉球放到面包糠里滚一圈。烤箱提前以上下火 200℃预热好，然后将鸡肉丸放入中层烘烤 12 ~ 13 分钟。鸡肉丸表面变成金黄色，就可以了。

“婶子碎碎念”

1. 如果没有燕麦片也可以加入一大勺玉米淀粉。面包糠我用的是自己做的，其做法可以参考本书第 160 页。

2. 这款鸡肉丸最好是用油炸，但考虑到健康问题也可以用烤箱或者空气炸锅来烤。用空气炸锅以温度 200℃，烘烤 12 ~ 15 分钟即可。

椒盐鸡翅

椒盐脆皮鸡翅的做法很简单，特别是用自己做的椒盐粉做调料，能使成品味道咸香十足。炸出来的鸡翅表皮非常酥脆，里面的肉则鲜嫩多汁，让孩子们也可以过一把瘾。

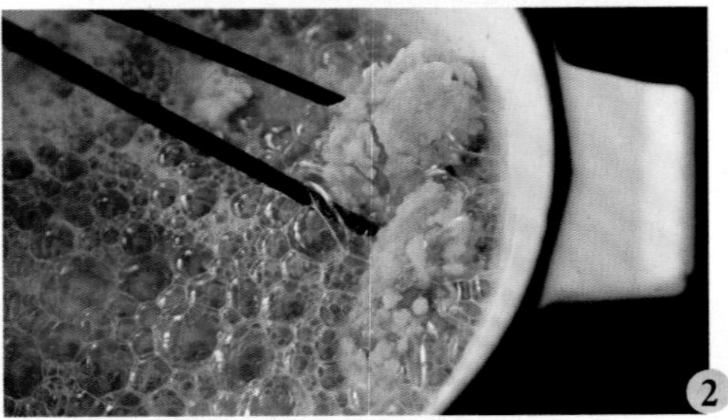

食材和时间

分量　一盘

时间　60 分钟（不含腌制时间）

材料　炸鸡翅材料：

鸡翅……8 个
大蒜……3 瓣
姜片……2 ~ 3 片
生抽……20 克
料酒……10 克
盐……3 克
细砂糖……6 克
椒盐粉……2 克
鸡蛋……1 个
玉米淀粉……30 克左右
植物油……100 克

配料：

植物油……8 克
干红辣椒……2 个
自制椒盐粉……1 克

步骤

1. 鸡翅的正反两面都切上几刀，方便腌制入味。大蒜切蒜粒，姜片切丝。鸡翅中倒入部分蒜粒、姜丝、生抽、料酒、盐、细砂糖、椒盐粉充分抓均，腌制 30 分钟以上。鸡蛋打散。在腌制好的鸡翅上先蘸一层玉米淀粉，再蘸一层鸡蛋液。再蘸一层玉米淀粉。
2. 锅中倒入植物油用大火烧到七八成热，放入鸡翅后用口火开始油炸。炸到鸡翅里外都变成金黄色。用滤网将鸡翅捞出来控油。接下来做配料。锅中倒入 8 克植物油，加热，将剩下的蒜粒放进去，爆香。再倒入切成段的干红辣椒和椒盐粉翻炒下。
3. 将刚才炸好的椒盐鸡翅放进去，和炒香的辣椒段、椒盐粉略微拌匀就可以出锅了。

“婶子碎碎念”

1. 鸡翅腌制的时间可以长一些，比较入味。

2. 炸的时候，油温到七八成热了后可以改用中火，这样不会使得鸡翅外面糊了里面还没熟。炸到外表金黄色即可。

3. 加辣椒和椒盐粉会让这道鸡翅更为鲜香。椒盐粉是用破壁机制作的。自制椒盐粉的做法可以查看本书第 128 页。

奶酪米糕烤鸡腿

用大米粉做出来的米糕洁白、有韧性，配着奶酪和腌制过的鸡腿放进烤箱里一起烤熟。烤好的成品肉香四溢，表面的奶酪也都烤化了。挖一勺，外面拉着长丝，奶香浓郁。对于爱吃肉的人来说，这一大锅米糕芝士鸡腿真是人间美味。

食材和时间

分量 1大盘

时间 60分钟（不含腌制、浸泡时间）

材料

米糕材料：

大米……120克
糯米……30克
温水……90毫升
盐……1克

腌制材料：

生抽……10克
料酒……10克
盐……2克

芝士鸡腿材料：

鸡腿……1个
米糕……120克
辣椒酱……70克
蜂蜜……30克
生抽……20克
料酒……10克
大蒜……4瓣
番茄……1个
现磨胡椒碎……少许
马苏里拉芝士丝……100克

步骤

1. 鸡腿切小块后倒入腌制材料中的生抽、料酒和盐，抓匀，腌制 30 分钟以上至入味。
2. 将大米和糯米倒入破壁机中，打成比较细腻的米粉。
3. 将打好的大米粉和糯米粉、盐混合均匀，一边倒入温水一边搅拌。团成一个柔软的白色面团。
4. 平均分割成三份。每份再滚成长条，从中间切开。
5. 放到蒸锅或者蒸箱里用大火蒸 20 分钟至熟。蒸好的米糕条会变得粗一些了。将蒸好的米糕条马上倒入凉水中浸泡 10 分钟，捞出来沥干水，切成小段。取出大约 120 克使用，剩下的可以放凉后密封好冷冻保存。
6. 做完米糕条，再来处理腌制好的鸡腿肉。把它放到烤箱里以上下火 200℃烘烤 10 分钟左右。
7. 将烤完的鸡腿肉放到大碗中。番茄切块，大蒜切块。其他调味料也都准备好。
8. 将除了番茄块、芝士丝之外的其他材料都放进大碗中和鸡腿混合。充分拌匀，腌制 10 分钟左右。

9. 在耐高温的深盘中铺上一层番茄块，将刚才腌制好的所有材料都均匀地铺到番茄块上面，表面再撒一层马苏里拉芝士丝。

10. 烤箱以上下火 200℃预热好。将大碗放入中层，烘烤 9 ~ 10 分钟。或者用空气炸锅烤五六分钟。

11. 这时候将大碗拿出来，表面再撒上一层马苏里拉芝士丝，送去烤箱继续用 200℃烘烤 5 ~ 6 分钟，烤到表面的芝士完全化开并且略有些上色即可。

1. 大米粉和糯米粉我都用的自己磨的，也可以买市售的，但揉面团时的加水量会有差别。能揉成一个不会散开又不粘手的面团即可。米糕条可以一次多做些，蒸熟后冷冻保存即可。

2. 米糕条是熟的，如果和鸡腿一起烤会烤太干了，所以才把鸡腿肉提前烤 10 分钟。这样也可以去掉已经烤出来的那些油，更健康些。

3. 如果没有辣椒酱也可以换成烤肉酱或者其他酱。将烤到半熟的鸡腿肉和米糕条加调味料腌制 10 分钟后再烤更容易入味。

4. 第二次烘烤鸡腿肉和米糕条，烘烤 9 ~ 10 分钟就差不多了。拿出来铺了芝士丝后再烤，会让成品更好看，拉丝效果更好一些。

莎莎酱煎鸡胸肉

这款用破壁机做的莎莎酱口感微酸还带着一点儿甜，在夏天吃很是开胃。特别是配上香煎鸡胸肉后，很适合瘦身、爱美的人士食用。

食材和时间

分量 2 人份

时间 20 分钟（不含腌制时间）

材料 莎莎酱材料：

番茄……1 个
洋葱……1/3 个
甜椒……半个
大蒜……2 瓣
柠檬汁……15 克
黑胡椒粉……1 克
白糖……10 克
盐……2 克

鸡胸肉材料：

鸡胸肉……2 块
生抽……10 克
料酒……10 克
蒜片……5 ~ 6 片
盐……2 克
油……少许

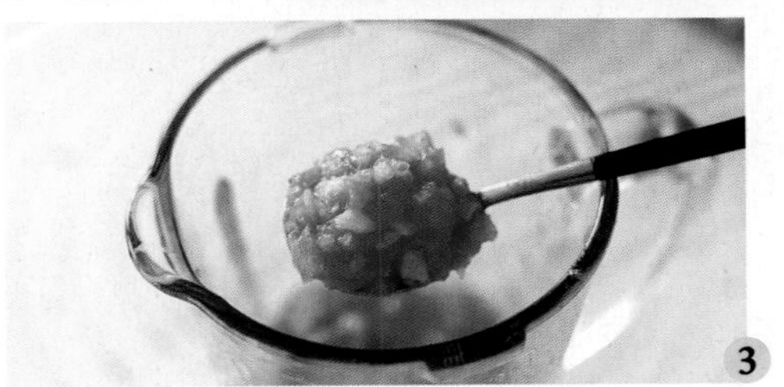

步骤

1. 鸡胸肉切大块，先用生抽、料酒、蒜片和盐腌制 30 分钟以上至入味。锅中倒入少许油，然后放进腌制好的鸡胸肉，两面煎到金黄色盛出。
2. 番茄、甜椒、洋葱、大蒜都切小块。为了方便搅打，需要把番茄放到破壁机杯的最下面。这样番茄打出汁水后就不怕破壁机空转了。将其他做酱的材料也放入破壁机杯中。
3. 一定要用最低速搅拌。我用的一挡，搅打七八秒就可以了。打出来的酱呈现有些颗粒的状态，淋在刚才煎好的鸡胸肉上即可。

“婶子碎碎念”

传统莎莎酱是把所有材料都切成细小的丁然后混合在一起，拌匀做成的。用破壁机做，更利于食材的味道相融，而且也更方便。只是用破壁机搅打时一定要用最低挡。如果你的机器无法选择转速，就打 3 ~ 4 秒停一下，看看状态再决定要不要继续搅打。打出来的酱最理想的状态是还有颗粒，如果打过了就会变成糊糊了。

吮指鸡块

肯德基的美食，是很多宝宝的最爱。就拿这款吮指鸡块来说，我家娃儿们蘸着酱能吃两三盒。自己在家做，更干净也更放心一些。一次多做一些，把剩下的冻起来，想吃的时候加热下就可以了。

食材和时间

分量 大约 25 块

时间 30 分钟

材料

鸡胸肉……400 克
鸡蛋……2 个
黑胡椒粉……1 克
五香粉……1 克
蚝油……30 克
生抽……10 克
料酒……10 克
大蒜……3 瓣
盐……3 克
细砂糖……13 克
玉米淀粉……30 克
黄金面包糠……1 碗
面粉……30 克
油……适量
番茄酱（或甜辣酱）……适量

步骤

1. 鸡胸肉洗干净，去掉白色筋膜，切小块。大蒜切片。面包糠我用了自制的，其做法可以参考本书第 160 页。
2. 将 1 个鸡蛋磕开，取出蛋清，把蛋黄和另外 1 个鸡蛋混合打散。将鸡胸肉和蒜片、黑胡椒粉、五香粉、蚝油、生抽、料酒、盐、细砂糖、1 个蛋清一起放入破壁机杯中。
3. 先低速再高速，将材料打成细腻的鸡肉馅儿。再倒入玉米淀粉，略微拌一拌。
4. 继续用中高速搅打至上劲儿，让淀粉和鸡肉馅儿充分融合。

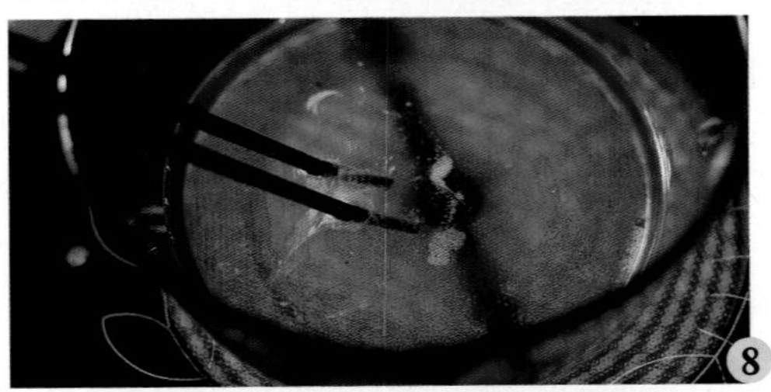

5. 图中是打好的状态。此时可以舀一点放入平底锅煎熟，尝尝咸淡再调整下味道。
6. 勺子先放凉水里蘸一下，舀一勺鸡肉馅儿放到面粉里，让鸡肉馅儿蘸一层面粉，翻过来再蘸一层。尽量将鸡肉馅儿整理成小饼。
7. 将蘸好了面粉的鸡肉饼放到鸡蛋液里裹一层蛋液，再放到面包糠里蘸一下。所有的鸡肉饼都这样蘸好面包糠。
8. 锅中倒入适量的油，烧到七八成热，就是插入筷子会有气泡冒出的状态。
9. 将饼放进去油炸。炸的时候注意翻面，炸到两面都变成金黄色并且变成鸡块了就可以了。
10. 鸡块捞出来后，放到吸油纸上吸吸油。趁热吃口感最酥脆。吃的时候可以淋点番茄酱或者甜辣酱。

“婶子碎碎念”

1. 鸡肉馅儿打好以后可以腌制一会儿，入味后再做更好。

2. 勺子先蘸水再舀鸡肉馅儿，也可以直接在手上沾点凉水，取鸡肉馅儿团成小圆饼再蘸粉和蛋液。

3. 这款鸡块也可以用烤箱或者空气炸锅来烤，以 180℃烘烤 18 分钟即可，但烤的不如油炸的好吃。做的鸡块吃不完，可以晾凉后用保鲜袋装好放进冰箱冷冻。吃之前再油炸，或者解冻后用烤箱复烤即可。

鲜虾鱼肉肠

鲜虾富含钙质，是宝宝补钙的首选食材。鱼肉含有的营养成分也极多，只是鱼肉有时候会带上许多细小的刺，不适合宝宝食用。但是将鱼肉去掉刺和虾一起做成肠再食用，就方便多了。不需要添加其他调味料也非常鲜美。

食材和时间

分量 大约 10 根

时间 40 分钟

材料 鲜虾........................10 个

龙利鱼肉....................270 克

姜丝........................4 ~ 5 条

玉米淀粉....................10 克

鸡蛋清......................1 个

胡萝卜......................20 克

盐..........................3 克

白胡椒粉....................1 克

步骤

1. 胡萝卜切碎。虾去皮、去虾线，留虾仁。鱼肉切小块。
2. 将姜丝和虾仁、鱼肉放入破壁机中，先低速再高速搅拌。
3. 直到变成肉馅儿。
4. 倒入盐、蛋清、白胡椒粉，还有玉米淀粉。
5. 继续搅打到馅儿变得有黏性。
6. 将胡萝卜碎倒进去拌匀。

7. 将肉馅儿装入裱花袋中。裱花袋前面剪开一个小口。
8. 挤入硅胶香肠模具中，再用勺子将表面稍微抹平。
9. 送去蒸箱蒸差不多 25 分钟至全熟。
10. 蒸好的鲜虾鱼肉肠稍微放凉，脱模即可。
11. 没有香肠模具的读者也可以将肉馅儿挤入锡纸中，像包糖果一样包起来，再送去蒸熟。

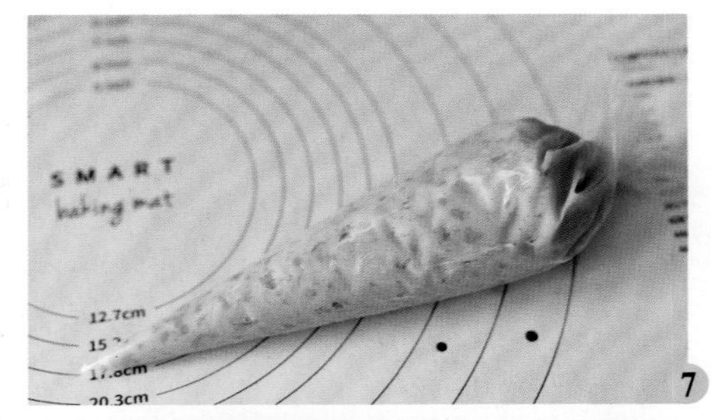

7

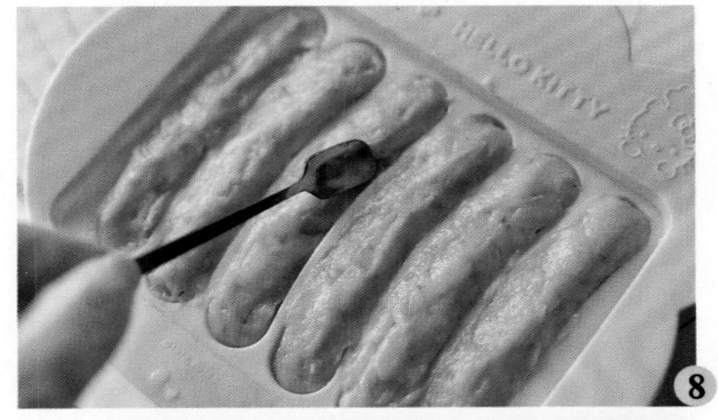

8

9

10

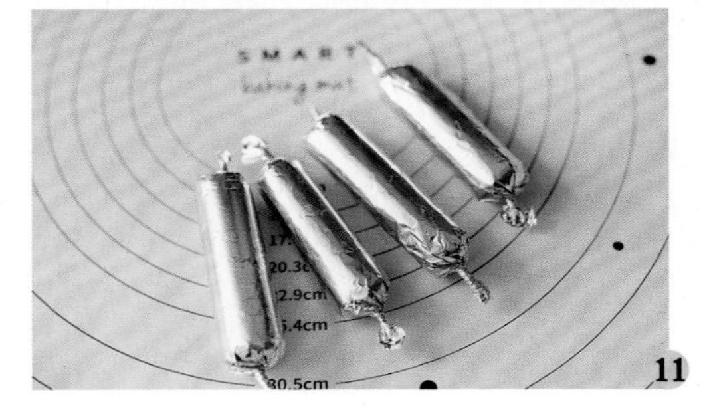

11

“婶子碎碎念”

1. 鱼尽量用鱼刺少或者无刺的。

2. 一定要加淀粉。最后搅打好的肉泥一定要比较黏才好，否则蒸出来的成品口感太嫩。

扫码看视频

刀切豆渣小馒头

做豆浆过滤出的豆渣可是好东西，它富含膳食纤维、蛋白质，以及不饱和脂肪酸等营养素，有降脂、防便秘等功效。随便抓一撮豆渣揉进面团里，就能蒸出来香气扑鼻和营养价值很高的小馒头了。

食材和时间

分量 6 个

时间 120 分钟（不含醒发时间）

材料

黑豆渣……90 克

黑豆浆……110 克

（做法可参考本书第 74 页）

普通面粉……300 克

即发干酵母……2 克

细砂糖……10 克

步骤

1. 将用破壁机做出来的黑豆浆提前过滤出来黑豆渣。取 90 克黑豆渣和 110 克黑豆浆备用。
2. 黑豆浆、黑豆渣都要用凉下来的，以免它们烫死酵母。
3. 将即发干酵母和黑豆渣拌匀，避免揉面的时候不易化开。
4. 将所有的材料混合后开始揉面。用手揉或用机器揉都可以。

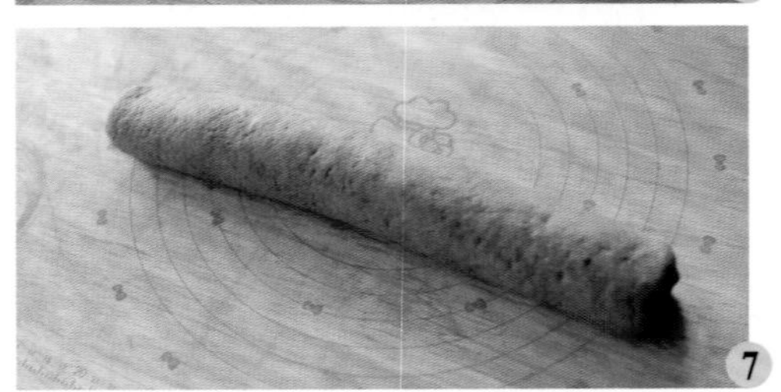

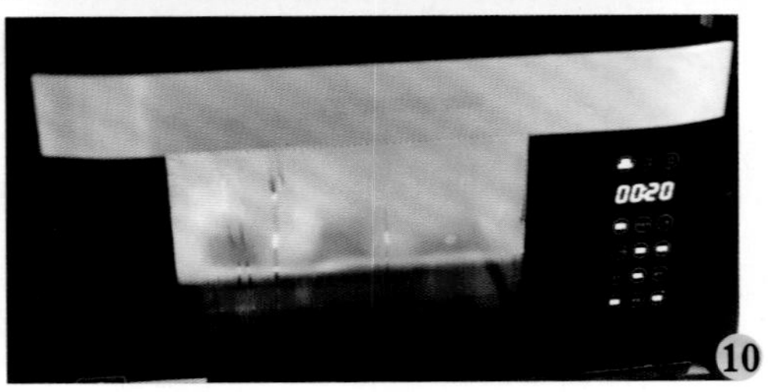

5. 揉成一个光滑的面团，将其放到温暖湿润处醒发到两倍大。
6. 将发好的面团拿出来，继续揉成一个光滑的面团，再擀成一个长方形的面片。
7. 从上而下卷起来，将封口位置捏紧，使其呈面卷状。
8. 平均切成六份。
9. 切好的面团放到蒸锅或者蒸箱里最后醒发 20 分钟。
10. 上蒸锅蒸或者用蒸箱蒸 20 分钟。蒸完后别急着开盖，闷 3 ～ 5 分钟后再开，避免馒头遇冷回缩。

“婶子碎碎念”

1. 我用的破壁机转速很快，所以做出的豆浆最后过滤出来的豆渣很少并且是偏泥状的，就加了一部分豆浆揉面。你也可以直接用豆浆来做这个馒头，比例就是面粉：豆浆=2 ： 1。只不过加豆渣会让馒头营养更多，蒸出来的馒头口感也更香。

2. 揉面的时候需要根据面团的状态灵活调整液体的量。

3. 做馒头要想成品光滑好看，一是把面揉透，无论是刚开始揉还是做完基础发酵后再揉，都要把内部的气孔尽量揉没，否则蒸出来的馒头就会坑坑洼洼的。其次就是蒸的时候，尽量别让锅盖水滴到馒头上，滴的水也会让馒头形成坑洞或者是出现死面情况。

烤羊肉包子

作为一个不喜欢吃包子的人，我却对烤羊肉包子情有独钟。包子的外皮烤得金黄酥脆，里面的羊肉馅儿却鲜嫩多汁。自己做的烤包子肯定没有售卖的滋味好，但胜在做法简单，而且给羊肉馅儿加了芹菜丁和孜然后，吃着一点都不膻。

食材和时间

分量 大约 20 个

时间 60 分钟（不含醒发时间）

材料

包子皮材料：

- 普通面粉……400 克
- 鸡蛋……2 个
- 温水……140 毫升左右
- 玉米油……15 克
- 盐……2 克

包子馅儿材料：

- 羊肉……400 克
- 洋葱……80 克
- 芹菜……90 克
- 孜然粉……3 克
- 姜片……2 片
- 料酒……20 克
- 生抽……25 克
- 盐……5 克
- 椒盐粉……1 克
- 鸡蛋清……1 个

装饰用材料：

- 鸡蛋黄……1 个
- 黑芝麻……少许

步骤

1. 将包子皮的所有材料混合，揉成一个光滑的面团，盖上保鲜膜放温暖处醒发 30 分钟。
2. 将洋葱和芹菜切丁，羊肉切小块。其他材料也准备好。
3. 把羊肉和姜片、料酒放入破壁机的研磨杯中，启动搅拌模式，将羊肉先搅拌碎。
4. 倒入生抽、盐、椒盐粉、孜然粉，还有 1 个鸡蛋清。
5. 继续搅拌，将调味料和羊肉充分搅打均匀，使其变得更为细腻、上劲儿。
6. 将羊肉馅儿倒入大碗中，倒入刚才切好的洋葱、芹菜，顺着一个方向搅拌均匀。包子馅儿就做好了。
7. 面团醒发好后比较柔软了，按照 30 克一个的标准分割，滚圆。暂时不用的需要先盖上保鲜膜，防止风干。

8. 取一个面团，擀成长方形，舀入适量的羊肉馅儿放在面片中间，然后将面片的四周都抹上点蛋黄液。
9. 将上下两边的面片包过来，再将两边也包过来，尽量压紧些。
10. 包好的包子翻过来呈现长方体的样子就可以了。
11. 烤盘垫油纸，将包子间隔地放进去，表面刷一层蛋黄液，再撒点黑芝麻。
12. 烤箱提前以上下火220℃预热好，然后将烤盘放入中层，烘烤23～25分钟即可。

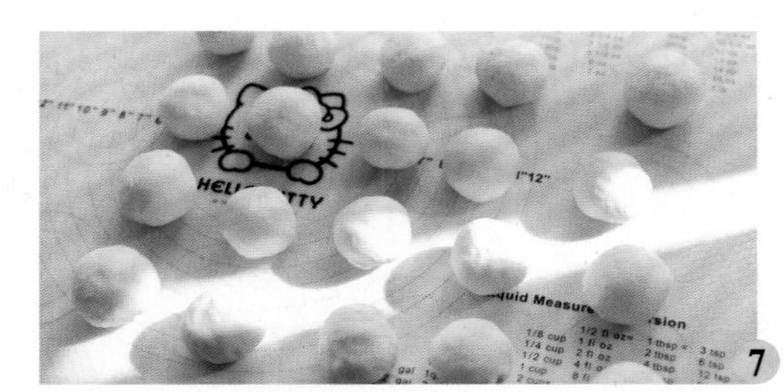
7

8

9

1. 做包子皮的面团一定要醒发30分钟以上再用，要不然烤出来的包子口感略硬，也不方便整形。包子皮擀成长方形时尽量中间厚四边薄，否则包好后底部会太厚。

2. 羊肉建议用七分瘦三分肥的。加芹菜进去可以中和羊肉的口感。有青椒丁，也可以放少许进去。因为羊肉的油脂含量比较高，在高温烘烤过程中底部出现肉汁是正常的，所以烤盘一定要垫好油纸或锡纸。

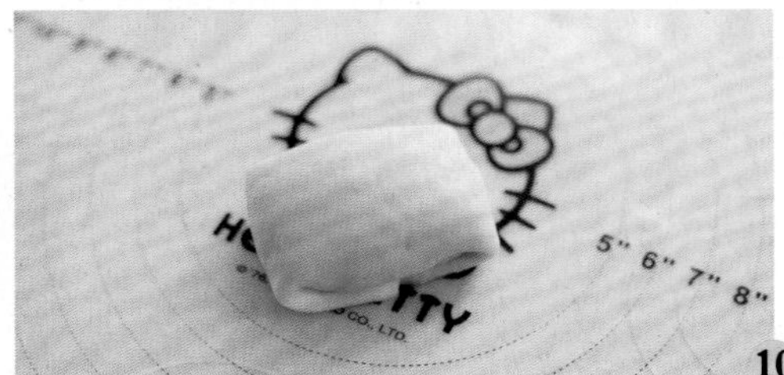
10

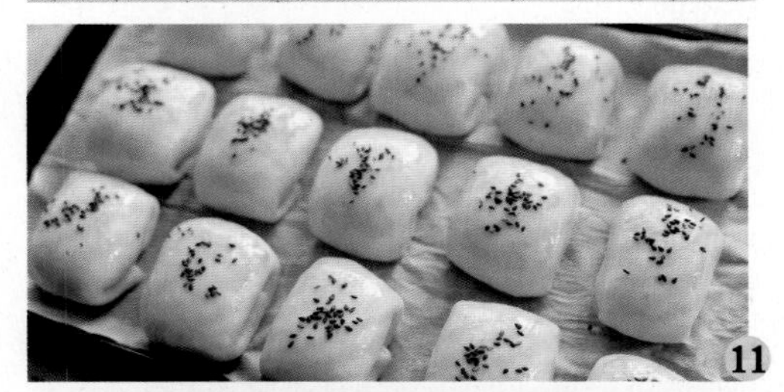
11

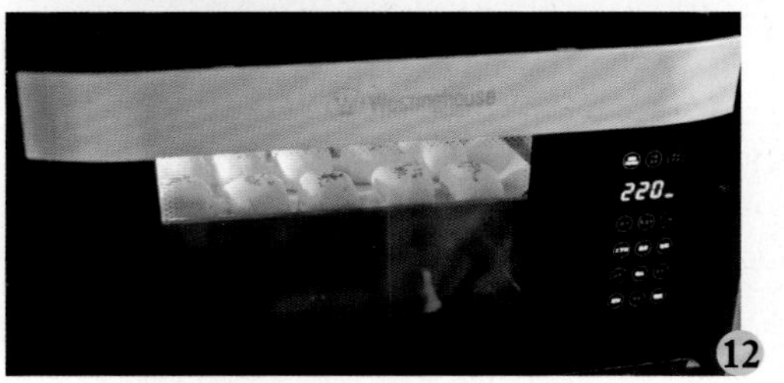

12

黄豆面糖三角

糖三角是我小时候很爱吃的东西。那时候，大家的生活都不富裕，零食也很少。妈妈每次蒸馒头的时候，都会用剩下的面蒸几个糖三角。刚出锅还烫着呢，就会被我们这帮孩子狼吞虎咽地瓜分掉了。现在这玩意儿已经不是稀奇物品了，所以放点儿熟黄豆粉，包点儿花生芝麻馅儿进去，做个粗粮坚果版的糖三角，追忆下小时候的甜蜜时光吧。

扫码看视频

食材和时间

分量 大约 12 个

时间 90 分钟（不含发酵时间）

材料 面团材料：

熟黄豆粉 .... 40 克
普通面粉 .... 260 克
水 .... 180 毫升左右
干酵母.......... 3 克（鲜酵母 8 克）
白糖 .... 10 克

糖馅儿材料：

普通面粉 .... 25 克
红糖 .... 50 克
花生 .... 30 克
白芝麻 .... 20 克

步骤

1. 用破壁机将熟黄豆粉做好，其做法可参考本书第 126 页。取 40 克熟黄豆粉备用。
2. 干酵母放入水中化开，倒入其他面团材料中。开始揉面。
3. 揉成一个光滑的面团。送入温暖湿润处发酵到原先的两倍大左右。
4. 发酵时来做糖馅儿。花生烤熟去皮，白芝麻炒熟。
5. 将熟花生和熟白芝麻混合，用擀面杖擀碎。
6. 倒入面粉和红糖混合均匀。糖馅儿就做好了。

7. 将面团扒开，发现内部呈蜂窝状就是发酵好了。
8. 将面团拿出来按压排气，再按照 40 克左右一个的标准分割成 12 个。
9. 取一个小面团，擀成圆片。在圆片中放入适量的糖馅儿，在边缘处刷点水。
10. 包成等边的三角形。
11. 用筷子将三个边儿夹一下。
12. 将做好的糖三角生坯放到温暖湿润处醒发 20 分钟。用大火蒸 20 分钟，关火后闷 3 分钟后再出锅。

“婶子碎碎念”

擀好的圆形的面片四周要厚些，并且要抹点水才好，这样包的时候容易将面片黏合。用筷子夹三个边的时候要夹紧一些，避免糖馅儿漏出来。

蔬菜小饼

有没有特别简单易做的蔬菜早餐饼？这款就是了。把新鲜时蔬和面粉、鸡蛋一起丢进去，打成糊糊就能烙。成品咸香可口还十分松软。早餐来一块，开启一天的好心情。

食材和时间

- 分量 5个
- 时间 15分钟
- 材料

材料	用量
鸡蛋	2个
面粉	30克
胡萝卜	5～6块
香菇	2～3朵
洋葱	15克
菠菜段	25克
盐	3克
黑胡椒粉	1克
水（备用）	50毫升左右

扫码看视频

步骤

1. 胡萝卜比较硬，所以尽量切小块。香菇切小块。在破壁机内打入两个鸡蛋，再放胡萝卜。放香菇、洋葱、菠菜、盐、黑胡椒粉，最后放面粉。面粉放进去后可以往下按压一下。
2. 开始搅打。底部的材料会先变成糊糊。如果材料较干，不好搅拌，就停下机器往下压一压食材，倒入 50 毫升的水进去继续搅打。
3. 所有材料打成细腻的糊糊。
4. 用不粘锅开始烙饼。我用多功能锅的心形盘做的。提前预热，抹点油（分量外）防粘。
5. 倒入适量的面糊进去，先煎一面。一面定型后翻过来煎另外一面，两面都煎得差不多了就可以吃了。

“婶子碎碎念”

1. 鸡蛋含水较多，先放它有利于让所有的材料搅拌转起来。菠菜可以提前切得短一些。

2. 第一次搅拌，有可能材料不会全部变成糊糊，那就停下机器打开盖子，将上面的食材往下压压，继续打。如果食材偏干不好转动，也可以加入少量水，但最多加 50 毫升，水太多就会让这个面糊变稀薄了。

芹菜豆渣饼

豆渣口感粗糙，直接吃口感不佳，但是和蔬菜一起做成小饼就美味多了。豆渣含有丰富的膳食纤维，能起到减肥的功效。这款咸香松软的芹菜豆渣饼将豆渣变废为宝，刚出锅就被吃光光啦。

食材和时间

分量 5个

时间 20分钟

材料
豆渣……120克
芹菜……70克
泡发的木耳……35克
胡萝卜……40克
面粉……40克
鸡蛋……1个
盐……3克
自制椒盐粉……1克
（做法见本书第128页）
植物油……少许

1

2

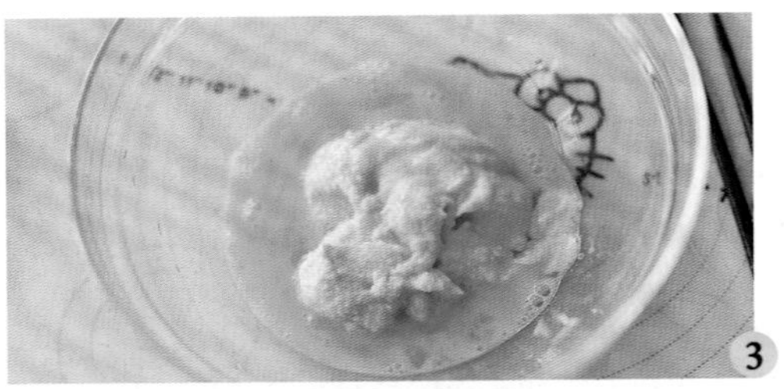

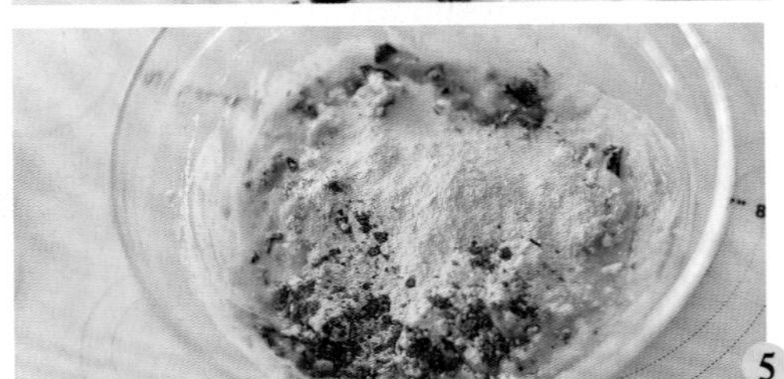

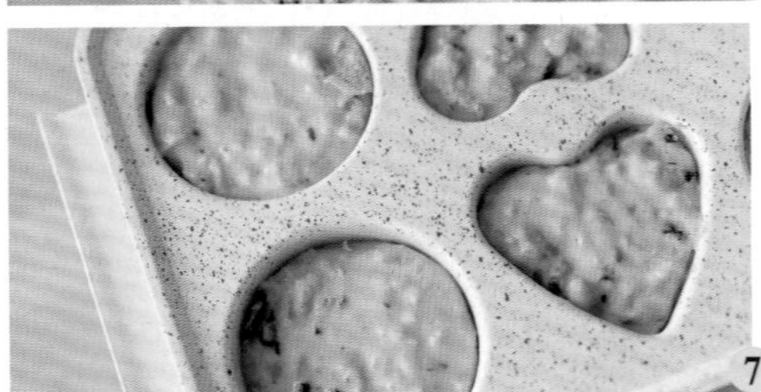

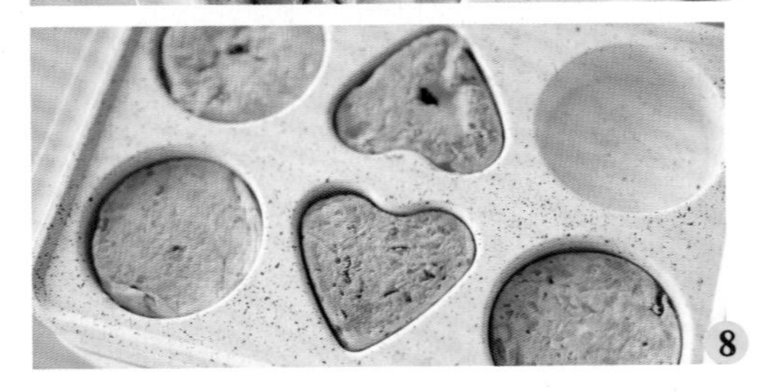

步骤

1. 将用破壁机做的豆浆过滤出豆渣。取120克备用。
2. 芹菜切丁，胡萝卜和木耳也切丁。
3. 豆渣中磕入鸡蛋，然后充分拌匀。
4. 倒入芹菜、胡萝卜、木耳拌匀。
5. 倒入面粉、盐、椒盐粉。
6. 将所有材料搅拌均匀，使其变成可以缓慢流动的面糊。
7. 可以煎制了。我用多功能锅做的，没有的读者可以用不粘锅做。在锅里抹少许油，舀入八分满的面糊。
8. 用中火煎豆渣饼的一面，煎到定型并且呈金黄色了翻个面煎另一面，也煎成金黄色，熟了就可以了。

“婶子碎碎念”

1. 用破壁机打的豆浆基本都很细腻了，过滤出来的多是豆泥，所以含水量会多一些。大家最后调面糊的时候，面粉的添加量可以灵活调整下，以做的面糊能够缓缓地流下为好。

2. 芹菜、胡萝卜也可以换成其他蔬菜。

火龙果燕麦松饼

用果蔬汁做的松饼，不但颜色好看，口感和营养也都不错。只需要将所有材料倒入破壁机，按下开关搅拌面糊，就能做好。它是厨房“小白”也能做好的快手美食。

扫码看视频

食材和时间

分量 约 12 个

时间 20 分钟

材料

火龙果……………………150 克

燕麦片……………………200 克

酸奶………………………250 克

细砂糖……………………25 克

泡打粉……………………2 克

油…………………………适量

步骤

1. 火龙果切小块。其他材料都先准备好。将酸奶倒入破壁机中，再放入火龙果。
2. 倒入一半燕麦片，启动果蔬汁模式，快速搅拌让材料混合。
3. 食材都打成红色的糊糊后，加入剩下的一半燕麦片继续搅打。
4. 搅拌得差不多以后，放入泡打粉和细砂糖，略微搅拌下就可以。将打好的松饼糊糊倒出来。舀起来向下倒，面糊要呈现缓缓滴落的状态。
5. 不粘平底锅抹点油加热，之后舀入面糊，尽量摊成圆形的饼状。
6. 等到一面凝固后，就可以翻面煎另一面了。两面都熟了、上色后就可以盛出来了。

1. 这款饼是用燕麦片做的，所以成品吃起来是有点脆脆的口感。

2. 酸奶也可以换成牛奶，用 200 克左右即可。火龙果也可以换成其他水果。如果换成其他水果后，你做的面糊较干，就加水；太湿了，就加燕麦片调整。

杂粮蔬菜卷

这是一款把杂粮、鸡蛋和蔬菜全都卷进去一口吞的杂粮菜煎饼。建议可以多做一些，吃不完的卷儿可以先放入冰箱冷藏，下次吃的时候拿出来用微波炉热一下就可以了。它也很适合需要带饭的上班族，可以满足他们的营养需求。

食材和时间

分量 2个

时间 30分钟

材料 煎饼材料：

黑米……30克
小米……25克
普通面粉……50克
鸡蛋……1个
水……120毫升
盐……3克
油……适量

配菜材料：

土豆……半个
胡萝卜……半根
西葫芦……半根
豆腐皮……1小碗
盐……3克
甜面酱……一小碗
油……适量

步骤

1. 用破壁机将黑米和小米打成粉末，尽量细腻一些。其他的材料也都准备好。 将黑米粉、小米粉和普通面粉都倒入大碗中混合，然后打入鸡蛋，倒入盐。
2. 倒入清水。将材料充分拌匀，一直到变成无颗粒的面糊糊。
3. 将不粘平底锅底部均匀抹点油，小火加热，倒入一半的面糊糊，摊得圆一些。朝下的那一面会先凝固定型。我们用铲子将面饼整个翻过来，再煎另一面，一直煎到两面都熟了。煎好后的杂粮饼皮，放凉后还是挺软和的，而且带着很明显的黑米香气。
4. 将土豆、胡萝卜、西葫芦洗干净，然后用擦丝器擦成细丝。豆腐皮切长条。
5. 锅中放少许油烧热，将刚才备好的蔬菜和豆腐皮放进去翻炒到熟，快出锅前放盐调味。在刚才煎好的杂粮饼上抹点甜面酱。也可以换成烤肉酱或者其他调味酱。
6. 在饼上均匀地铺上适量的配菜。
7. 用煎饼将配菜包起来，再用油纸将煎饼卷包起来，底部拧紧后封好。这样拿着吃的时候配菜就不会从底部出来了。

“婶子碎碎念”

1. 小米粉不要加太多，多了容易发苦。黑米粉本身口感微甜，所以黑米粉是一定要放的。

2. 配方的材料能做两个，你可以将配方量翻倍多做几个，要不然不够吃的。

豆浆猫耳朵面

豆浆营养丰富，汤色奶白，用来搭配面可以增加面的色泽和口感。这款猫耳朵面我是用了荞麦粉和燕麦粉混合制成的，煮好以后配着豆浆和沙茶酱吃，咸香可口。它含有大量的膳食纤维，想减肥的或者是喜欢吃粗粮的读者，都可以尝试一下。

食材和时间

分量 2 人份

时间 60 分钟（不含晾凉时间）

材料 荞麦……60 克

燕麦……60 克

普通面粉……100 克

水……110 毫升左右

豆浆……一大碗

圣女果……4 ~ 5 个

沙茶酱……2 勺

葱花……少许

步骤

1. 将做好的豆浆放凉。夏天可以把它放到冰箱里冷藏，它的口味更佳。
2. 将荞麦和燕麦清洗干净，晾干。
3. 倒入破壁机的研磨杯中，打成很细腻的粉末。
4. 将打好的荞麦粉、燕麦粉倒入面包桶中，加入普通面粉，再加入水。开始揉面。
5. 揉成一个光滑的面团。
6. 将面团分割成两份，然后取一份擀成大面片，再切成类似棋格的小片。

7. 取一个小面片，放到做寿司用的竹帘上。
8. 用大拇指顺着方形面片对角线的位置轻捻，捻成猫耳朵形状。另一份面团也依上面的步骤操作。
9. 将所有的猫耳朵都搓好，取1/3左右放到锅子里煮熟。
10. 捞出后放到凉水里过凉，再放到大碗中。
11. 倒入刚才已经放凉的豆浆，放上切开的圣女果，舀上沙茶酱，撒点葱花，拌匀后就可以吃了。

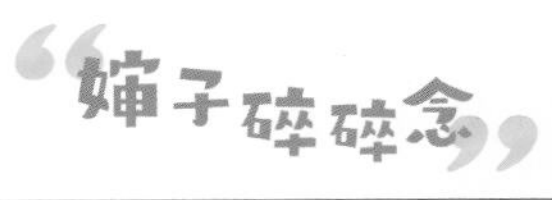

1. 做粗粮猫耳朵也可以用果蔬汁来揉面，成品就会变成彩色的了。大家用的粉吸水量不同，加水量以材料能揉成一个光滑的面团为准。

2. 搓好的猫耳朵吃不完，可以撒上面粉防粘，然后冷冻起来。

3. 做这款面片用的豆浆可热可凉。放入的沙茶酱也可以换成其他拌面酱或者调味料。自制沙茶酱的做法可以参考本书的第141页。

凉拌燕麦鱼鱼

莜面鱼鱼是一道非常好吃并且很有营养的主食。莜面在很多地方都不太好买。我们也可以将燕麦米或者是燕麦片打成粉末，来做这款农家味十足的粗粮鱼鱼吃。

食材和时间

分量 2 人份

时间 60 分钟（不含浸泡时间）

材料 燕麦面鱼鱼材料：

燕麦米……………………150 克
热水…………………… 140 毫升
盐 ……………………………2 克

配菜材料：

芹菜…………………………80 克
泡发的木耳…………………40 克
蟹柳……………………………4 根
花椒粒…………………………8 克
大蒜……………………………1 瓣
植物油………………………15 克
味极鲜酱油…………………20 克
米醋…………………………20 克
盐 ……………………………3 克

步骤

1. 先做燕麦粉。将燕麦米放入破壁机的研磨杯中打成细腻的燕麦粉。用手指捻一下做出的粉，感觉已经没有颗粒感了即可。
2. 将燕麦粉和盐倒入大碗中。一边倒入热水一边将粉搅拌成雪花状。
3. 揉成一个光滑的面团。
4. 将面团平均分成四份。每份先滚成长条状，再切成小剂子。切的剂子大小要和手指甲盖大小差不多。
5. 将小剂子搓成两边尖尖中间略粗的鱼鱼。
6. 锅入水烧开，放入搓好的鱼鱼，煮到鱼鱼浮起。

7. 过一下凉水，再捞出沥干水备用。
8. 芹菜切段，木耳撕成小片，蟹柳撕成丝，大蒜切片。
9. 锅中烧开水，将芹菜、木耳放入水里煮熟后捞出。
10. 锅中倒入植物油，烧热后放入花椒粒和蒜片爆香。将花椒和蒜片过滤出来，只留底油。
11. 将煮好的燕麦鱼鱼和芹菜、木耳混合，倒入过滤后的底油拌匀。
12. 倒入味极鲜酱油、米醋、盐，将所有材料充分拌匀就可以了。

“婶子碎碎念”

1. 揉燕麦面团需要用热水。一边倒水一边搅拌，这样揉出来的面团比较松软，搓出来的鱼鱼才好吃。做好的燕麦鱼鱼一次吃不完，可以放点面粉防粘，冷冻起来保存。

2. 这个燕麦面鱼鱼除了凉拌吃，也可以像面条一样直接煮着吃，或者是煮汤的时候加一些。

芦笋青酱意面

青酱是一种吃意大利面时搭配的冷拌酱。传统做法是用新鲜的罗勒叶子加上松子和味道强烈的干酪、大蒜等用石臼研磨碎再拌上初榨橄榄油。它有着浓郁的香草味道。我们自己在家做不太容易配齐材料，所以做这款颜色和味道都和传统青酱类似的芦笋青酱，也可以解解馋。

食材和时间

分量 2 人份

时间 30 分钟

材料

芦笋……180 克

腰果……50 克

大蒜……3 ~ 4 瓣

芝士片……1 片

橄榄油……20 克

牛奶……15 克

盐……3 克

黑胡椒粉……1 克

意面……一把

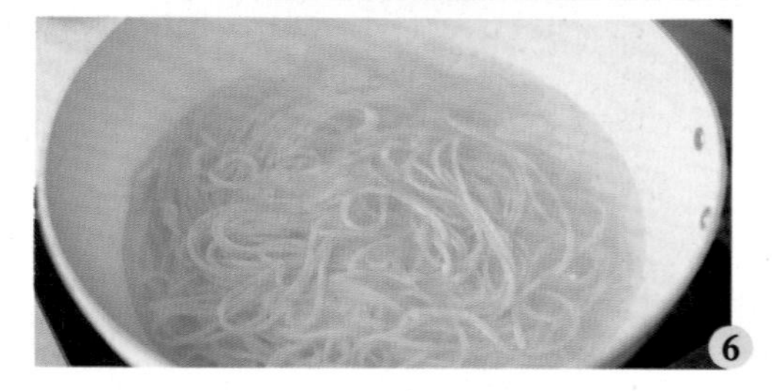

步骤

1. 芦笋洗干净，去掉老的根部，切段。大蒜切片。将芦笋放到沸水里烫1～2分钟，捞出来沥干水。
2. 锅烧热，放入少许橄榄油，再放大蒜片进去翻炒，放入腰果。将大蒜片和腰果都炒出香味，至有些微微变黄。
3. 在破壁机杯中倒入烫好的芦笋，再放进大蒜片、腰果、牛奶、剩余的橄榄油、盐、芝士片和黑胡椒粉。
4. 一定要选择低挡搅拌。我用的二挡，将所有的材料打碎、打匀。
5. 如果材料偏干，破壁机不容易转起来，可以再倒入些牛奶（分量外），但一定不要多加。打好的芦笋青酱有颗粒感比较好。全程用低速搅打。
6. 将意面放到开水锅里，开始煮，同时加入少许盐（分量外），这样会让面更好吃。将煮好的意面捞出，舀入适量刚才做好的青酱拌匀就可以了。

“婶子碎碎念”

1. 如果你有柠檬汁也可以加进去，会让口感更好。

2. 做好的芦笋青酱密封冷藏保存，尽量在三天内吃完。

豆香藜麦饭

在杂粮饭里加入浓郁的豆浆一起煮，不但可以增加饭里的蛋白质，还能增加人体必需的氨基酸。从味道上来说，也会增加米饭的豆香味，让米饭更加好吃。

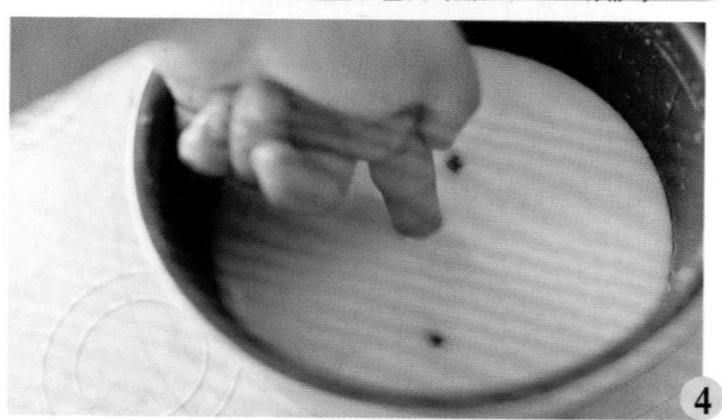

食材和时间

分量 一锅

时间 30 分钟（不含浸泡时间）

材料 豆浆材料：

干黄豆……50 克

水……500 毫升

煮饭材料：

豆浆……370 克

糙米……200 克

三色藜麦……40 克

蔓越莓粒……20 克

步骤

1. 干黄豆提前泡发，加水放入破壁机中，打成细腻的豆浆。
2. 糙米和藜麦都提前水用浸泡一会儿。
3. 将糙米和藜麦倒入电饭煲中，放入蔓越莓粒。
4. 倒入足量的豆浆。豆浆的深度以能够没过食指第一节为准。我加了 370 克豆浆。
5. 开启煮饭模式。煮好后舀一勺看看，豆浆已经完全被糙米和藜麦吸收了。

“婶子碎碎念”

1. 这款糙米饭完全是用豆浆煮的，所以豆香味很浓郁。不过豆浆别太厚了，如果太厚煮出来的米饭容易黏糊糊的。

2. 糙米也可以换成大米。但因为糙米含膳食纤维更多些，所以煮饭前最好和藜麦一样先浸泡 20 分钟。

荞麦粗粮窝窝头

细粮吃多了，就想吃点粗粮，清理下肠胃。这款用三种粗粮做的窝窝头，在和面时加的水比较足，所以吃起来口感松软，很适合需要减肥又喜欢吃粗粮的伙伴食用。你也可以在窝窝头的空心里塞上红枣或别的馅儿。它就又是另一番美味了。

食材和时间

分量 大约 9 个

时间 80 分钟（不含发酵时间）

材料
- 荞麦米……80 克
- 糯米……50 克
- 小米……30 克
- 普通面粉……60 克
- 干酵母……4 克
- 红糖……10 克
- 水……130 毫升

扫码看视频

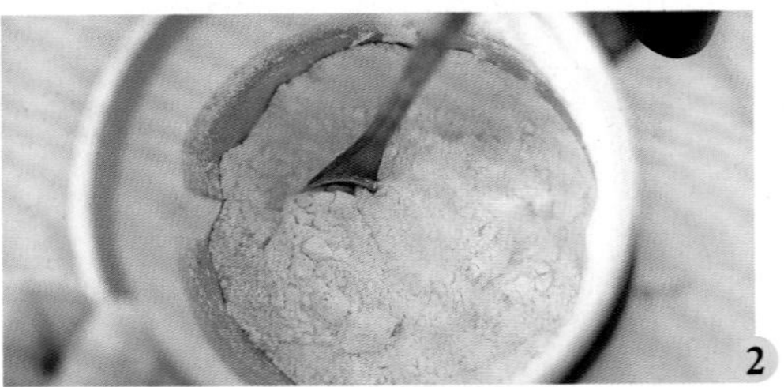

步骤

1. 将所有材料都准备好。荞麦米、糯米、小米可以先洗干净再晾干。将荞麦米和糯米、小米都倒入破壁机干磨杯中。可以先低速再高速将所有材料打成粉。
2. 已经打成很细腻的杂粮粉了。
3. 将干酵母和水先混合在一起化开，再倒入打好的杂粮粉和面粉、红糖。开始揉面。揉成一个光滑的面团。将面团放到温软湿润处发酵 1 小时。
4. 发酵好的窝窝头面团内部呈蜂窝状了，将面团拿出来按压排气。平均分割成 9 个小面团。
5. 取一个小面团，用大拇指顶住小面团的底部慢慢转圈。将大拇指按进去整理出一个洞来，整理成窝窝头的样子。
6. 窝窝头全部做好以后放入蒸锅，大火蒸 20 分钟即可。

这款窝窝头用的杂粮粉和普通面粉的比例为 8 ∶ 3，蒸出来的成品的口感刚好。如果想吃更松软的，就可以多放点普通面粉进去。

双色粗粮发糕
扫码看视频

食材和时间

分量 大约 12 个

时间 90 分钟（不含醒发时间）

材料 黑米面糊材料：

黑米..............................150 克
普通面粉..........................60 克
牛奶..............................150 克
细砂糖............................25 克
鲜酵母............................7.5 克

小米面糊材料：

小米..............................180 克
普通面粉..........................60 克
牛奶..............................150 克
细砂糖............................25 克
鲜酵母............................7.5 克

发糕可以说是中式“蛋糕”，其做法比西式蛋糕简单得多。只需要将面糊拌匀后静置，发到原先的两倍大后蒸熟就可以吃了。虽然其内部组织没有西式蛋糕那么细腻，但也松软可口。这款用黑米粉和小米粉做的双色粗粮发糕，吃起来很美味还没有热量负担。

步骤

1. 用破壁机将小米和黑米分别打成细腻的粉。
2. 将其他材料都准备好。我用的鲜酵母，感觉发酵效果更好。
3. 先做黑米面糊。将所有的黑米面糊材料混合在一起。
4. 拌匀成细腻的面糊。用硅胶刮刀拌面糊，挖起面糊能看到面糊缓慢流下。

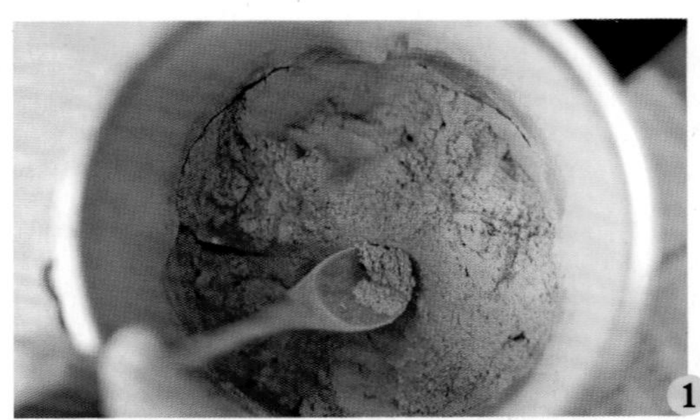

5. 用同样的方式将小米面糊也拌匀。
6. 我用了蛋糕模具和纸模来盛面糊。如果没有的话可以用 8 寸的戚风模具来做。先舀入一层小米面糊，再舀入一层黑米面糊。
7. 这样一层叠一层地将面糊舀入五六分满后，用牙签或者比较细的筷子从底部往上挑一下面糊，让图案更好看些。
8. 送到温暖湿润处醒发，到原大的两倍大左右。
9. 醒发好以后放入蒸锅中大火蒸 20 分钟左右，关火后闷 5 分钟后出锅。如果用比较大的戚风模具就蒸 30 分钟左右，也是闷一会儿再打开锅盖。
10. 刚刚蒸好的双色发糕还比较软，稍微放凉一会儿再撕掉外面的纸膜即可。

5

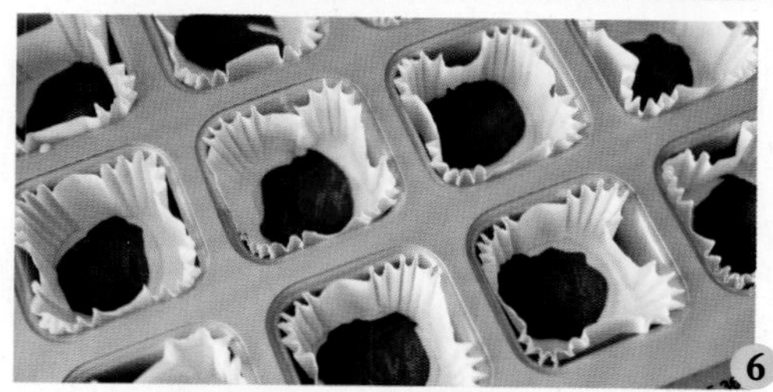
6

7

8

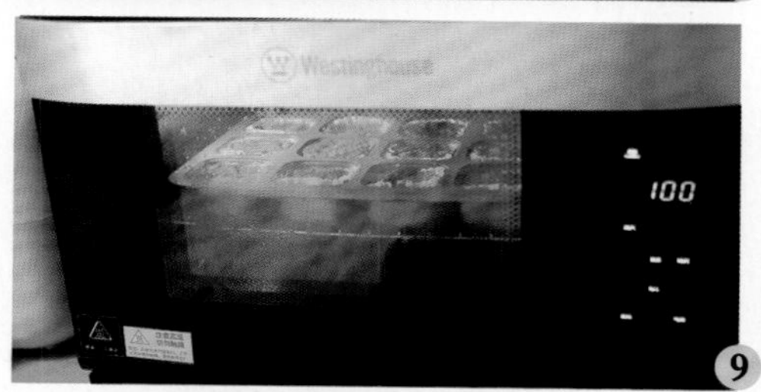

9

10

“婶子碎碎念”

1. 面糊以舀起硅胶刮刀能够呈直线状缓缓流下为准。

2. 拌匀的面糊交错舀入就可以做出蒸好后内部呈现层叠的状态了。如果不想做双色的，就做单色的。

3. 做好的面糊放到温暖湿润处，发酵到原大的两倍大即可。发酵时要注意时间，别发过了，发过后就会有酸味了。

山药红枣蒸糕

想吃蒸糕却又懒得打蛋白或不想等待发酵？那你可以试试这款随便拌拌就能做的山药红枣糕。山药和其他材料搅拌一会儿就会形成很多小气泡。这很像我们打发蛋白做蛋糕或者是做发糕时发酵产生的现象。只是它的做法更简单一些。

食材和时间

模具 长 17 厘米、宽 13 厘米、高 6 厘米的保鲜盒一个

时间 30 分钟

材料

铁棍山药……180 克
鸡蛋……2 个
（带皮约 55 克一个）
红枣丁……15 克
白糖……8 克

步骤

1. 将材料都准备好。
2. 铁棍山药去皮，切成小块，倒入破壁机，再打入两个鸡蛋。
3. 倒入白糖。
4. 启动果蔬汁模式，将所有材料搅拌成细腻的糊糊。
5. 在耐高温容器中提前铺上耐高温的保鲜膜。没有保鲜膜的话，抹油（分量外）也可以。铺上红枣丁，将山药糊糊倒进去。
6. 用大火蒸 25 分钟左右。蒸的过程中山药糕会逐渐膨胀，之后慢慢回落。蒸好后等 1 ~ 2 分钟再拿出来。它凉了会回缩一些，这时候就比较好脱模了。按喜好切块吃即可。

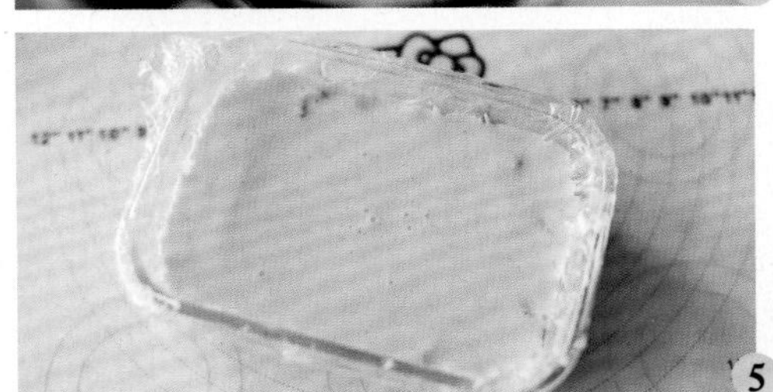

“婶子碎碎念”

1. 做这款山药糕不用加水，只靠山药中的水就可以打成糊糊了。蒸出来的成品有比较绵润的口感。建议用铁棍山药来做，因为它口感比较面，蒸好的糕容易成型。用炒菜的那种脆山药做的糕，蒸出来比较黏，不容易成型。

2. 红枣也可以换成枸杞或者葡萄干等。

3. 蒸糕用的容器一定要抹油防粘，或者垫着耐高温的保鲜膜，方便蒸熟后脱模。不要用那种烤蛋糕的不粘模具，用它很难将蒸糕脱模的。

彩色芝麻汤圆

这碗简单又色彩缤纷的时蔬彩色汤圆，从里面的芝麻馅儿到外面的彩色汤圆皮全都是用手工自制的，健康，自然。家里有宝宝的一定要试试。它比买的汤圆好吃。吃不完的汤圆可以冷冻好，留到下次再煮。

扫码看视频

食材和时间

分量 3 人份

时间 60 分钟（不含冷冻时间）

材料 芝麻馅儿材料：

黑芝麻……80 克
花生……30 克
猪油……80 克
白糖……70 克

紫薯汤圆材料：

糯米粉……100 克
紫薯粉……5 克
温水……80 毫升

南瓜汤圆材料：

糯米粉……100 克
南瓜粉……5 克
温水……80 毫升

步骤

1. 黑芝麻和生花生放入烤箱用 160℃烘烤 12 ~ 15 分钟。放凉后将花生去皮，和黑芝麻一起放进破壁机研磨杯中。
2. 用一挡搅打 15 秒左右。
3. 打成细腻的芝麻花生粉。不要打太长时间，时间长了就成芝麻花生酱了。
4. 将打好的芝麻花生粉倒入大碗中，和猪油、白糖混合，抓匀成团。这时候它比较软，难以塑形。
5. 放入保鲜袋中，整理成厚 1.3 ~ 1.5 厘米的长方片，送到冰箱里冷冻 1 小时以上，让它变硬。

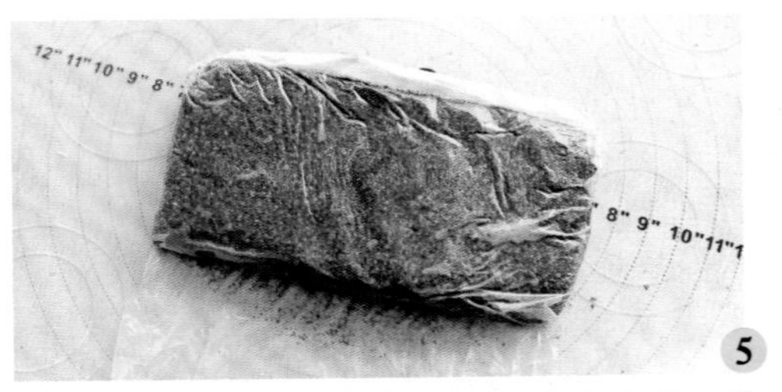

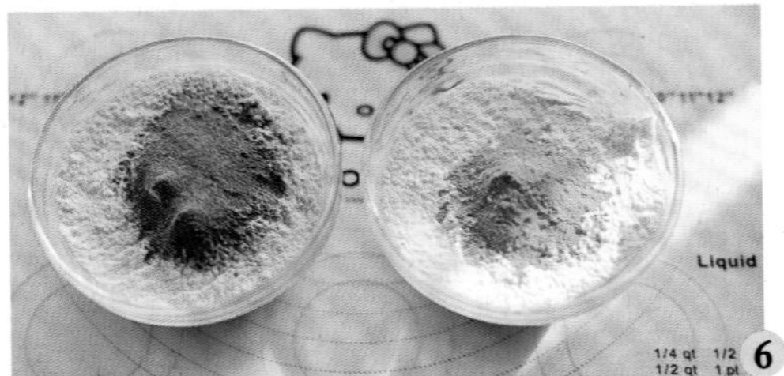

6. 冷冻的时候来做汤圆皮。这里做两种颜色的。将两份各 100 克的糯米粉分别和紫薯粉以及南瓜粉混合。
7. 用温水和面，一边往糯米粉里倒水一边搅拌。最后能揉成光滑并且延展性也不错的糯米团即可。将糯米团按照 15 克左右一个的标准分割。
8. 冻好的芝麻花生馅儿拿出来后稍微回回温，用刀切成小方块。每个小方块 5 ~ 6 克就行。
9. 取一个糯米小块，按成圆饼状，然后放入一颗黑芝麻花生馅儿，包圆。
10. 做好的汤圆表面一定要盖好保鲜膜防止风干，要不然表面就会裂开了。将锅中的水烧开，放汤圆，煮到浮起来就可以了。

“婶子碎碎念”

1. 黑芝麻和花生要打得细腻些，要不然吃起来容易口感沙沙的。嫌猪油味道大的读者也可以用黄油。这两种油都属于固体油脂，冷藏后可以让芝麻馅儿容易塑形。植物油常温是液态的，不如这两种油做馅儿好用。

2. 我用的自制糯米粉（做法可参考本书第 112 页）。大家用的粉吸水量不同，所以需要一边倒水一边搅拌。和面要用温水，不要用凉水或者开水。凉水和面会让糯米的黏性变低，糯米粉容易散开不易成团。用开水或者太热的水和面，会让糯米粉变黏并且易结块不宜搓开。水温为 40 ~ 60℃较好，这样的水做的面团软糯有弹性。

第六篇
创意美食 “焙”感幸福
烘焙、零食

除了做主食、菜肴和米糊等食品，破壁机还有很多新奇的用法。像小朋友们爱吃的零食还有蛋糕、甜品等等，都可以用破壁机做出来。它给美食爱好者插上了想象的翅膀，让厨房“小白”也能灵活游弋在手工美食的天地中。

纯素法式吐司

法式吐司，可以说是一种风靡全球的早餐食品。据说它的历史可以追溯到公元1世纪。罗马人把面包片浸在牛奶和鸡蛋的混合液中，然后用植物油或者黄油煎至两面金黄，再配上蜂蜜食用。这听起来跟现在的版本差不多。只是法式吐司虽好吃但它的热量毕竟太高，所以分享一个豆浆版的做法。它虽然是纯素的，但口味却丝毫不逊色于原版的。

食材和时间

分量 4片吐司

时间 30分钟

材料

- 吐司……4片
- 豆浆……100克
- 低筋粉……30克
- 巴旦木……适量
- 南瓜粉（选用）……3克
- 蜂蜜……30克
- 油……适量

步骤

1. 先做巴旦木粉。将巴旦木倒入破壁机中。
2. 用中速搅打，直到变成比较细腻的粉末。取 20 克使用，剩下的可以密封保存。
3. 所有材料都准备好。
4. 将除油之外的材料放到大碗中混合，拌匀成比较细腻的豆浆面糊。
5. 吐司两面都均匀裹上豆浆面糊。也可以将吐司在面糊中浸泡一会儿。
6. 平底不粘锅加热后倒入少许油，然后将已经裹了豆浆糊的吐司片放进去。开始煎吧。
7. 两面都煎成好看的金黄色，就可以出锅了。将其一切两半，就可以食用了。

“婶子碎碎念”

1. 这款纯素版的法式吐司是用豆浆加面粉和巴旦木粉做的，它的口感比传统版的更清新一些。巴旦木粉是一定要加的，因为坚果香气给这款吐司片提升了品质。

2. 煎的时候要注意勤翻面。浸泡了豆浆糊的吐司片刚开始翻面会有些软，两面煎成金黄色后取出略放凉，就会有那种内里软嫩表面又酥脆的口感了。

3. 南瓜粉做法可以参考本书第 117 页，加入后能让吐司颜色更金黄一些。没有的话就不用加了。

豆浆吐司

喝剩下的豆浆怎么用？当然是做成这款软绵绵的豆浆吐司吃。烤好以后撕开，可以看到一缕缕的面包薄如蝉翼。仔细咀嚼，能尝到组织间的豆香气息。这款吐司的口感很清爽，非常适合夏天来做。

食材和时间

分量 450 克吐司两个

时间 180 分钟（不含发酵时间）

材料

高筋粉……500 克
豆浆……200 克
水……110 毫升
白糖……50 克
鸡蛋……1 个
奶粉……20 克
盐……6 克
即发干酵母……5 克
黄油……30 克

步骤

1. 用破壁机将豆浆做好，取 200 克备用。鸡蛋打散。黄油切小块，软化。
2. 将除黄油之外的材料按照先液体后固体的顺序放入揉面桶中。
3. 开始揉面吧。一直揉到能拉出较厚的膜就可以放黄油了。
4. 切成小块的黄油刚放进去，面团会有些烂烂的。一直揉到黄油被完全吸收。
5. 黄油被吸收后再揉 10 分钟，能拉出大片坚韧的薄膜就可以了。
6. 将面团收圆放到大碗中，送入温暖湿润处发酵到原先的两倍大。手指蘸点粉（分量外），在面团上戳个洞，面团没有明显的回缩就说明发好了。

7. 发酵好的面团拿出来按压排气，静置 10 分钟，平均分割成四份，滚圆，再静置 15 ~ 20 分钟，以免过会儿整理时回缩。
8. 取一个静置好的小面团按扁，先擀成牛舌的样子，翻个面。
9. 再擀成类似长方形的样子。将左边折过来一半，右边也折过来一半。将面团擀长，擀均匀。
10. 从上而下将吐司面团卷起来，底边略微压薄些，卷成一个均匀的面卷。
11. 两个面卷为一组，放入吐司盒中。
12. 送去温暖湿润处进行最后的发酵，发到吐司盒的九分满。烤箱以上下火 170℃预热好，将吐司生坯放入中下层烘烤 35 分钟左右即可。

“婶子碎碎念”

1. 如果你的豆浆比较稀薄，可以把配方里的水都换成豆浆。如果是用比较厚的豆浆，加入少许的水即可。大家用的高筋粉吸水性不同，所以水先不要一次性全加进去，预留 10 ~ 15 毫升水，将面先揉成团，看看面团状态，再决定要不要继续加。

2. 因为大家用的吐司盒不同，所以烘烤时间灵活调整下。

红薯贝壳蛋糕
扫码看视频

食材和时间

分量 大约 7 个

时间 35 分钟

材料

红薯泥……50 克
鸡蛋……2 个
细砂糖……35 克
牛奶……20 克
低筋粉……90 克
泡打粉……2 克
玉米油……40 克
枸杞……适量

西式烘焙很少用红薯当材料的。咱们自己发挥，用菜市场就能买到的甜蜜红薯来做这款贝壳小蛋糕。将材料倒进破壁机里拌匀，简单操作就做好了。用红薯做的蛋糕不但软糯香甜，还含有大量的膳食纤维，饱腹感很强。

步骤

1. 所有材料都准备好。
2. 将两个鸡蛋和细砂糖先倒入破壁机杯中，启动搅拌模式。
3. 搅拌到有丰富泡沫的状态。
4. 将红薯泥和牛奶倒入破壁机中，继续搅打均匀。

5. 将过筛后的低筋粉和泡打粉倒入搅拌好的材料里。用硅胶刮刀将粉和其他材料翻拌均匀。
6. 倒入玉米油启动搅拌模式，略微搅拌 5 ~ 6 秒就可以了。
7. 用硅胶刮刀检查下状态。舀起面糊，它滴落的痕迹不会马上消失就可以了。
8. 蛋糕模具中抹少许油（分量外）防粘，放上部分提前洗干净的枸杞装饰。
9. 将面糊倒入模具至差不多八分满。表面再撒点枸杞。
10. 烤箱以上下火 180℃预热好，然后将材料放入中层烘烤 17 ~ 18 分钟即可。

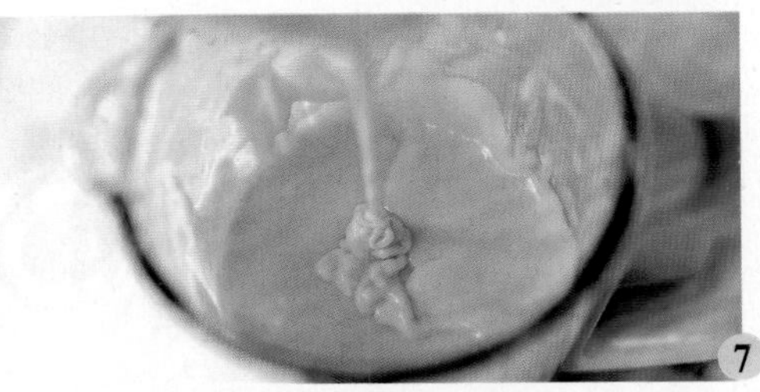

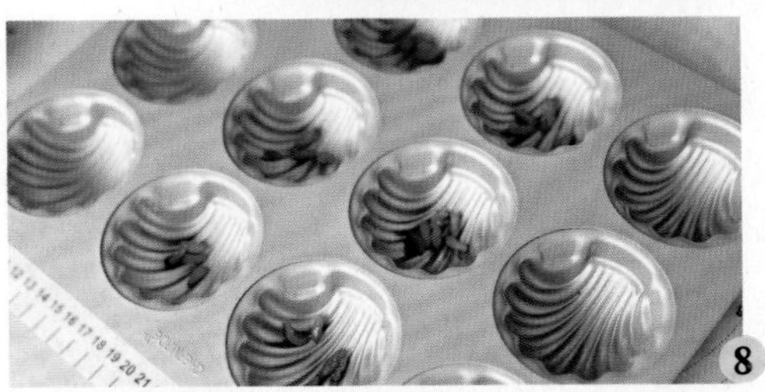

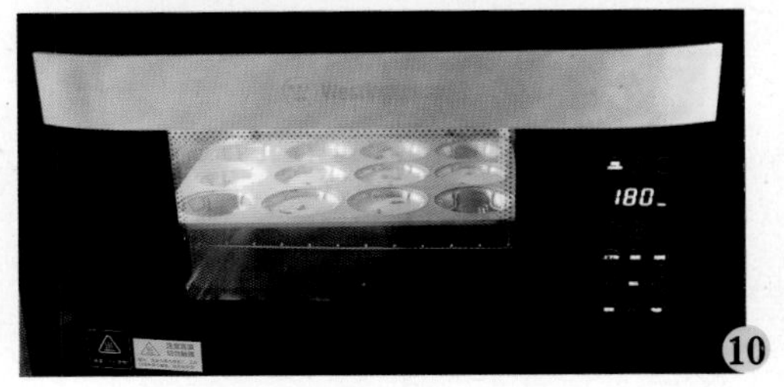

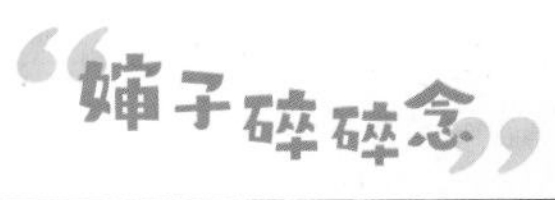

1. 筛入低筋粉后既可以用刮刀拌匀也可以使用破壁机的搅拌模式，但破壁机的搅拌速度较快，所以使用 6 ~ 7 秒的时间将面粉和鸡蛋糊拌匀就可以了。如果搅拌时间过长面糊会起筋，影响成品的口感。加入玉米油后的搅拌也是如此，搅拌 5 ~ 6 秒就可以了，时间一定不能过长。

2. 模具中需要提前抹油防粘，否则脱模时容易粘。脱模建议等到蛋糕凉下来再做，热的时候也会粘。如果没有这种模具，也可以用蛋糕纸模，但建议用小蛋糕模具，否则烘烤的时间也得加长。

黄豆粉戚风

和普通的戚风蛋糕比起来，这款用豆浆和黄豆粉做的戚风蛋糕，颜色更好看，显得金灿灿的。浓郁的黄豆香气，让原来不怎么爱吃蛋糕的人，也会喜欢上这款粗粮戚风的。

食材和时间

模具 一个 7 寸戚风模具

时间 70 分钟（不含晾凉时间）

材料

豆浆材料：

泡好的黄豆……80 克
水……500 毫升

蛋糕材料：

鸡蛋……5 个
（带皮约 50 克一个）
豆浆……80 克
玉米油……65 克
低筋粉……65 克
熟黄豆粉……35 克
细砂糖……60 克

步骤

1. 先来做豆浆。将 80 克泡好的黄豆加 500 毫升水放入破壁机里。
2. 选择豆浆模式，等待 26 分钟。做好的豆浆要稍微放凉后再用。做好的豆浆取 80 克备用。剩下的可以冷藏，做其他食品用。
3. 将鸡蛋的蛋白和蛋黄分离。其他材料也都准备好。
4. 在豆浆中倒入玉米油。然后用打蛋器搅打均匀，避免水油分离。
5. 筛入低筋粉和熟黄豆粉，将材料拌匀。
6. 5 个蛋黄分两次倒入面糊中。每次倒入蛋黄，都要将面糊和蛋黄拌匀。
7. 材料变成有点稠的面糊糊。
8. 加入蛋白和细砂糖进行打发。细砂糖要分三次加入。

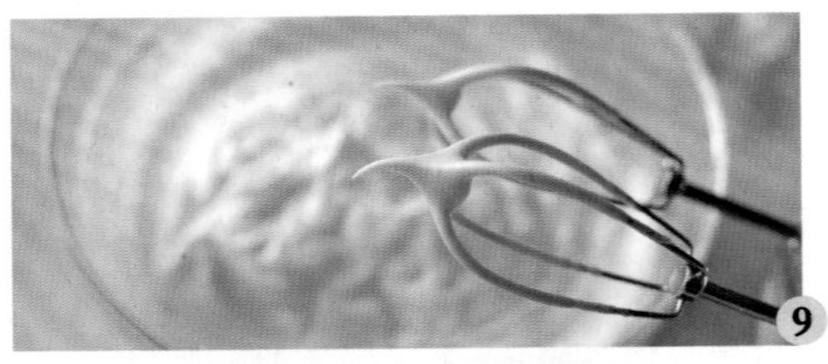

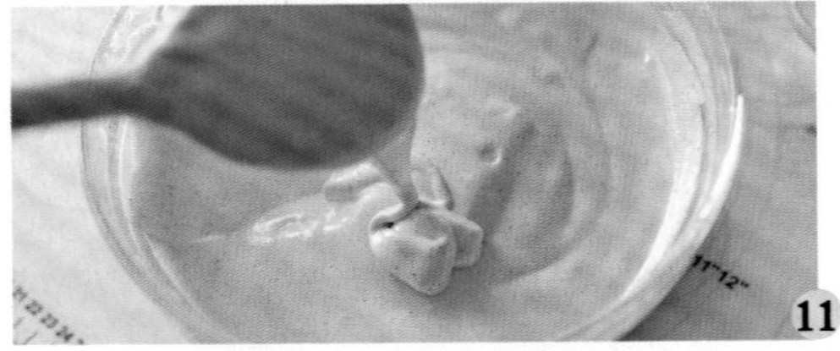

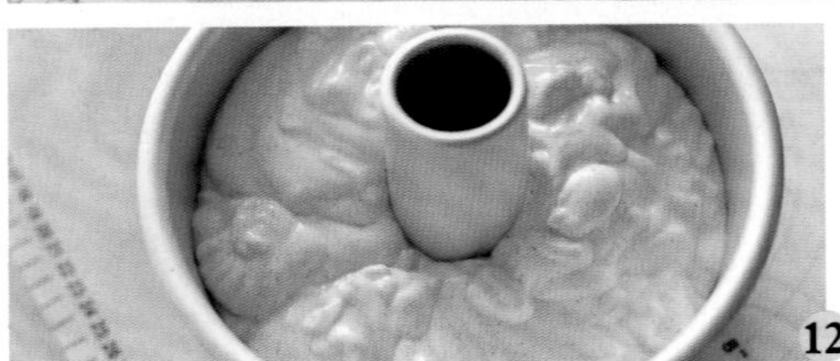

9. 蛋白霜会逐渐变得黏稠，打发到提起打蛋器，下端的小弯钩的形状比较稳定的状态。
10. 蛋白霜要分三次加到拌好的蛋黄面糊里，每次加都先采用切拌的手法，再用画小 c 的手法将面糊和蛋白霜混合均匀。
11. 最终拌成提起刮刀，面糊会缓慢滴落并且不会快速消失的状态就可以了。
12. 将面糊倒入戚风模具中。面糊应该是有纹路的样子。
13. 用刮刀将表面稍微抹平些，震两下震出气泡来。
14. 烤箱提前用上下火 170℃预热好，将材料放到中下层，烘烤 15 分钟左右，然后调到 160℃，再继续烘烤 20 分钟。
15. 出炉后的戚风蛋糕要从高处摔一下，立刻倒扣在晾架上，彻底放凉后就可以脱模了。

“婶子碎碎念”

1. 这个蛋糕有比较浓郁的黄豆粉香气，所以就不用加柠檬汁或者白醋去腥了。

2. 我用豆浆代替了牛奶，用部分熟黄豆粉代替了低筋粉，所以这个蛋糕烘烤后的组织会略干于普通的戚风蛋糕。

3. 蛋白霜打发到能拉出小弯钩，而小弯钩的形状比较稳定为佳。如果打到能拉出小尖角，面糊会偏硬，不容易翻拌均匀。但打得太软也不行，一样容易消泡。

枣香卡通蛋糕

枣香卡通蛋糕，听名字就知道它是比较养生的食物了。红枣具有补气养血、健脾益胃等诸多功效。民间有“日食三颗枣，青春不显老”之说。豆浆富含蛋白质。用它们做的松软可口的可爱小蛋糕，用来解馋可是太好了。

扫码看视频

1

2

3

4

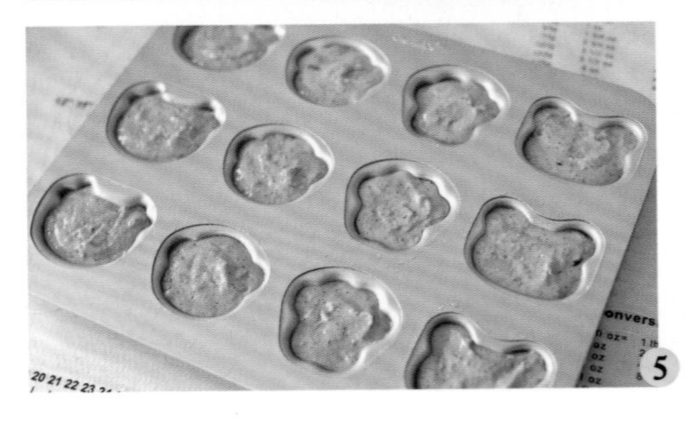
5

食材和时间

分量 大约 12 个

时间 50 分钟

材料

- 红枣……60 克
- 红糖……55 克
- 玉米油……55 克
- 干黄豆……30 克
- 盐……1 克
- 低筋粉……125 克
- 泡打粉……2 克
- 水……400 毫升

步骤

1. 先来做豆浆。建议按照 30 克干黄豆和 400 毫升水的比例做。
2. 取 200 克做好的豆浆。红枣去核。低筋粉提前过筛和泡打粉混合。将 200 克豆浆和红枣、红糖、盐倒入破壁机杯中。
3. 启动搅拌程序或者果蔬程序搅打至材料变成细腻的糊糊。将糊糊倒出来。筛入泡打粉和低筋粉的混合物，用刮刀切拌均匀。
4. 分次倒入玉米油，继续拌匀。拌匀后的面糊能够缓缓滴落即可。
5. 模具提前抹点油（分量外）防粘。将面糊倒进去，差不多九分满即可。烤箱提前以上下火 180℃预热好，然后将材料放入中层烘烤 17 ~ 18 分钟即可。

“婶子碎碎念”

豆浆也可以用之前剩下的。我用的豆浆是无糖的，所以用的糖多。如果你的豆浆本身就是甜的，那么加入的红糖的量要适当减少一些。

香蕉豆腐慕斯杯

没有淡奶油又想做慕斯怎么办？那就弄块豆腐呀！光滑鲜嫩的豆腐是代替淡奶油或奶酪做慕斯蛋糕的最佳食材。对奶制品过敏的小伙伴们，更要试试这一款慕斯。去菜市场就能买到这款香蕉豆腐慕斯杯的原材料了。

食材和时间

分量 4 杯

时间 30 分钟（不含浸泡、冷藏时间）

材料

豆浆……300 克
香蕉……200 克
嫩豆腐……150 克
细砂糖……15 克
吉利丁片……2 片（约 12 克）
装饰用香蕉……适量
可可粉……适量

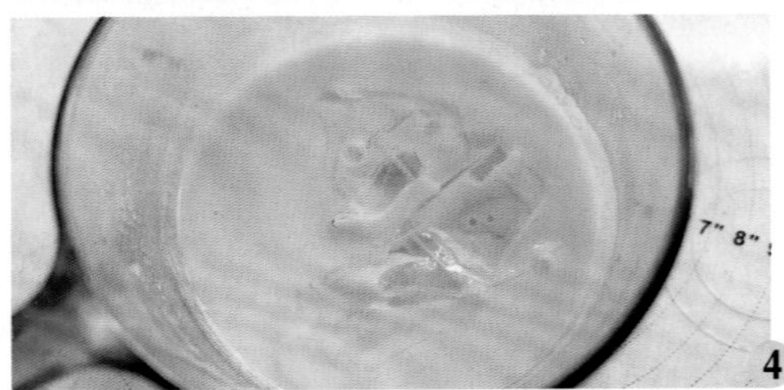

步骤

1. 吉利丁片提前用凉水泡软。豆腐建议用嫩豆腐，成品口感比较好。其他材料也准备好。
2. 将200克香蕉、嫩豆腐、细砂糖倒进破壁机杯子内，倒入一半豆浆。
3. 启动机器开始搅拌。将所有食材打成比较细腻的糊糊。
4. 剩下的一半豆浆用小锅加热到微微沸腾，放入已经泡软的吉利丁片，搅拌到吉利丁片全部化开。
5. 将豆浆吉利丁液倒入刚才已经搅拌好的豆腐糊糊里，充分拌匀。慕斯液就做好了。
6. 做好的慕斯液倒入杯子中，放凉后送去冰箱冷藏3小时以上。等到材料凝固，就可以放上香蕉块，筛可可粉装饰了。

“婶子碎碎念”

1. 这款慕斯是用嫩豆腐代替淡奶油来起到凝固的作用。为了尽量减少豆味，建议用嫩豆腐或者内酯豆腐来做，不要用老豆腐，因为老豆腐的豆味太浓郁了。

2. 豆浆也可以换成牛奶，香蕉也可以换成其他水果。香蕉氧化速度很快，所以打好的慕斯液表面很容易就会颜色变深。尤其是冷藏之后，能明显看到表面的颜色深于中间位置，所以在表面筛一层可可粉来装饰。

杂粮牛肉汉堡

鲜嫩多汁的牛肉汉堡看起来好像很复杂，其实做起来很容易。尤其是用杂粮粉做的汉堡皮，可比快餐店里的那些冷冻汉堡有营养多了。

食材和时间

分量 5个

时间 3小时（不含醒发时间）

材料

汉堡皮材料：

高筋粉……180克

燕麦米……35克

黑米……35克

细砂糖……25克

鲜酵母……9克

（干酵母用3克）

盐……3克

水……150毫升

黄油……25克

黑、白芝麻……少许

牛肉馅儿材料：

牛肉……300克

盐……6克

黑胡椒粉……1克

料酒……10克

黄油……10克

玉米淀粉……5克

其他材料：

植物油……15克

芝士片……10片

番茄厚片……5片

柠檬蛋黄酱……少许

步骤

1. 先打粗粮粉。将燕麦米和黑米都放入破壁机研磨杯中，打成细腻的粉末。
2. 将高筋粉和打好的粗粮粉、细砂糖、盐、鲜酵母、水混合均匀，开始揉面。我用面包机揉的。
3. 面团揉到变光滑后，加入切成小块的黄油继续揉。揉到黄油被完全吸收后，检查一下出膜状态。能拉出坚韧的薄膜就可以了。
4. 将面团收圆，放到温暖湿润处基础发酵到两倍大。
5. 发酵时准备牛肉饼。将牛肉切小块，黄油也切小块。
6. 将牛肉、黄油、盐、玉米淀粉、黑胡椒粉、料酒都倒入破壁机研磨杯中搅打成细腻的牛肉馅儿。腌制 30 分钟以上至入味。
7. 发好的面团拿出来按压排气。平均分成五份，然后滚圆，放到温暖湿润处最后醒发 20 分钟。
8. 在醒发好的圆面团上先用刷子刷点水（分量外），然后撒点黑、白芝麻装饰。

9. 烤箱提前以上下火 180℃预热好，将圆面团放入中层烘烤 15 分钟。烤好的面团等到彻底放凉后，从 2/3 处切成两半。
10. 找一个和汉堡差不多大小的金属圈，填入刚才做好的牛肉馅儿。将圈拿掉就成一个圆形的肉饼了。如果没有这种圈，就用手将馅儿按压成肉饼即可。
11. 在不粘锅中倒入植物油加热，将圆形的牛肉饼放进去，两面都煎成金黄色。
12. 在汉堡皮上放上一片芝士，将刚煎好的牛肉饼放上。
13. 挤上适量的柠檬蛋黄酱，盖上另一片芝士片。放上番茄厚片，继续挤上少许柠檬蛋黄酱，再盖好上半部分的汉堡皮即可。

“婶子碎碎念”

1. 这款汉堡的面包是用粗粮粉做的，所以成品组织会比用纯面粉做的粗糙些，但吃起来有比较浓郁的杂粮香气。

2. 里面的调味料可以用酱也可以用黑胡椒汁。我用了自己做的柠檬蛋黄酱，其做法可参考本书第 145 页。

3. 材料可以做 5 个汉堡。一般吃一个汉堡就饱了，剩下的可以放入冰箱冷藏保存。下次吃的时候在表面喷点水然后用微波炉加热 1 分钟即可。

豆渣鸡肉汉堡

爱吃汉堡又怕胖的读者，可以试试这款粗粮版汉堡。我用它代替传统的汉堡，已经做了好几次了，也深受家里小朋友们的喜欢。这里的汉堡饼皮，是用黄豆渣、小米面还有鸡蛋做的，营养要比用面粉做的普通面包更丰富，也更饱腹一些。

食材和时间

分量 2个

时间 40分钟（不含腌制时间）

材料

豆渣饼材料：

干黄豆……90克
小米粉……35克
普通面粉……20克
鸡蛋……1个
盐……4克
胡萝卜……25克
水……450毫升
油……适量

夹馅儿材料：

鸡胸肉……一块
生抽……10克
料酒……8克
大蒜……2瓣
盐……3克
黑胡椒粉……1克
油……适量

其他材料：

生菜……适量
番茄……适量
油……适量

步骤

1. 将干黄豆煮 20 分钟以上，彻底煮熟，和 450 毫升水放入破壁机，启动搅拌模式，打 30 秒左右，材料就变成能看到有豆渣的豆浆了。接着将豆渣过滤出来。使用 190 克左右的豆渣。将胡萝卜切碎，小米粉和普通面粉也都准备好。
2. 豆渣中先加入盐拌匀。倒入小米粉和普通面粉、胡萝卜、鸡蛋液拌匀。
3. 不粘锅中刷少许油烧热，在锅中放入煎蛋圈，在里面倒入适量的豆渣糊糊。两边都煎到金黄色就可以出锅了。豆渣饼可以多做一些。
4. 提前将鸡胸肉从中间片成许多薄片。大蒜切碎。在鸡肉中撒入蒜碎，放入料酒、生抽、盐、黑胡椒粉，充分抓匀所有的材料后腌制 1 小时以上。
5. 将腌制入味的鸡胸肉片放到抹了油的不粘锅中，两面都煎成金黄色后出锅。生菜叶子洗干净，番茄切厚片。
6. 先取 1 个豆渣饼，放上 1 片生菜，再放 1 片鸡胸肉，之后按照生菜、番茄片、生菜、鸡胸肉的顺序放，最后盖上另一个豆渣饼就可以了。将另一个汉堡也按照上面的步骤做好。

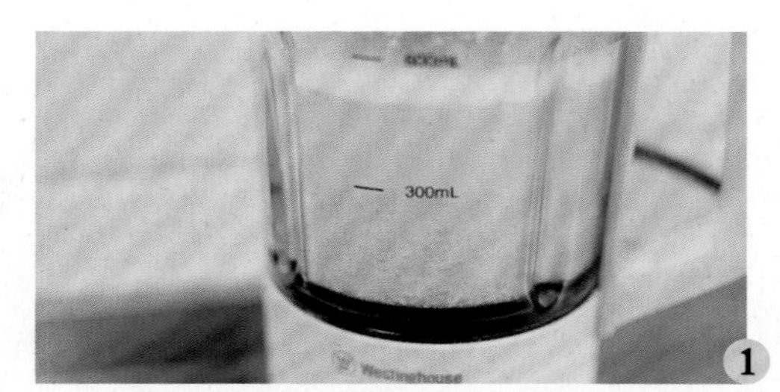

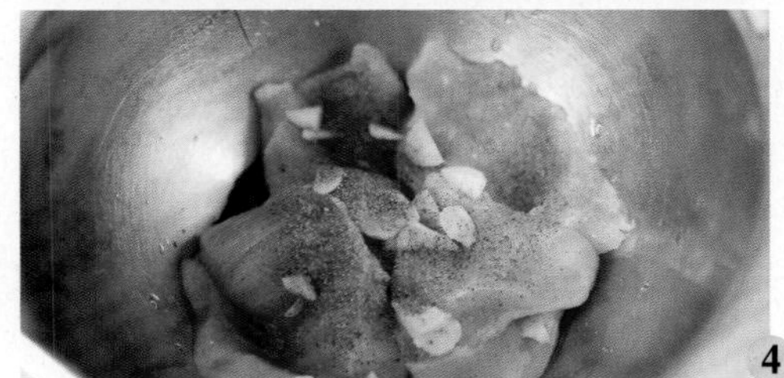

“婶子碎碎念”

1. 黄豆渣也可以换成黑豆渣或者鹰嘴豆渣，但一定要把豆子充分煮熟再用。

2. 如果不想做汉堡，也可以单独做豆渣饼吃。豆渣富含膳食纤维，如果单独吃的话口感比较差一些。

紫糯米华夫饼

紫糯米是米中佳品，不仅含有大量的蛋白质、维生素，还有各种微量元素，常吃有补血养气的功效。它煮熟后会有比较强的黏性。用它和酸奶做成的这款华夫饼，有着糯糯的浓香口感。

食材和时间

分量 2 人份

时间 20 分钟（不含静置时间）

材料 鸡蛋........1 个（带皮约 55 克）

紫糯米..........................120 克

玉米油............................30 克

酸奶..............................100 克

细砂糖............................30 克

泡打粉..............................2 克

蔓越莓............................少许

扫码看视频

步骤

1. 先制作紫糯米粉。将紫糯米倒入破壁机杯中。先低速再高速将紫糯米打成粉。
2. 将鸡蛋磕入破壁机杯中，再倒入细砂糖。启动搅打或者果蔬模式打发鸡蛋和细砂糖，直到材料变成比较蓬松的淡黄色糊。
3. 倒入玉米油和酸奶。继续搅打十几秒。
4. 将紫糯米粉和泡打粉倒进去，用刮刀充分拌匀。
5. 倒入切碎的蔓越莓丁，拌匀。华夫饼面糊就做好了。静置 20 ～ 30 分钟再用。
6. 将华夫饼盘提前预热好，倒入适量的面糊，盖上盖子后加热 3 分钟左右，两面都烤熟就可以拿出来了。吃之前可以用圆形切模将饼切成圆形，这样成品比较美观些。

“婶子碎碎念”

1. 紫糯米有黏性。磨成粉之后做的华夫饼，里面也是有些糯糯的口感。

2. 加入面粉之后的搅拌时间不要过长。如果用破壁机拌面糊，只需搅拌 5 ～ 6 秒即可，时间长了面糊会起筋，影响成品的口感。玉米油也可以换成黄油，化开之后使用，会让这款华夫饼更有奶香味。

扫码看视频

紫薯千层挞

懒得动手又想吃甜品，那这款只需要将材料放进破壁机里搅拌一下的紫薯千层挞值得一试。烤好后一刀切下去，里面是层层叠叠的紫薯片和甜蜜蛋奶馅儿。它满足想偷懒却又不肯委屈自己胃口的“吃货”们的需要。

食材和时间

分量 3 人份

时间 30 分钟

材料

紫薯……………………220 克左右

鸡蛋……………………………2 个

牛奶…………………………100 克

低筋粉…………………………80 克

炼乳……………………………20 克

蜂蜜……………………………20 克

杏仁片…………………………20 克

步骤

1. 紫薯去皮，切片。水烧开放入紫薯片，煮 2 分钟后捞出来备用。
2. 材料都准备好。
3. 鸡蛋、牛奶、炼乳和蜂蜜倒入破壁机中。
4. 开启果蔬汁或者搅拌模式，将所有材料都搅拌均匀，到有丰富泡沫的状态。

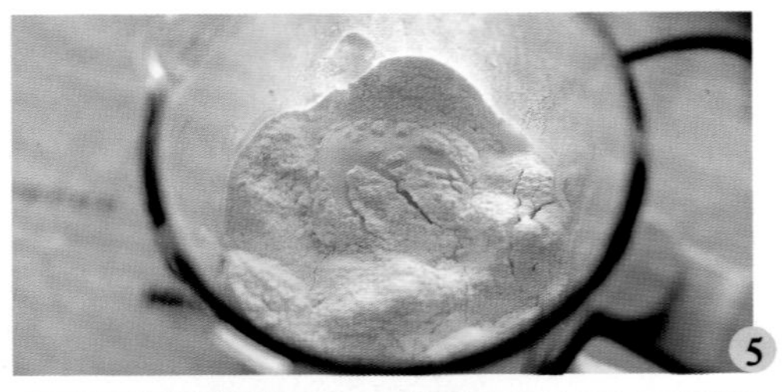

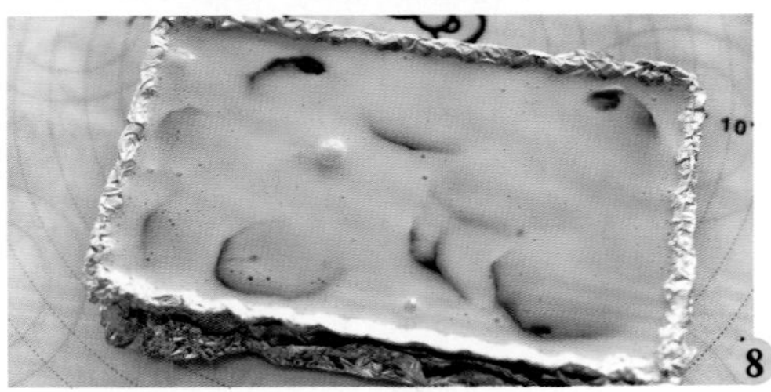

5. 将低筋粉筛进去，继续用机器略微搅拌几秒，拌匀。
6. 盘上先包一层锡纸，然后抹点油。倒一点面糊进去，盖住底部。
7. 铺一层刚才煮好的紫薯片进去。
8. 倒少许面糊将这一层紫薯片盖住，再铺一层紫薯片，然后倒面糊。重复这个过程，将面糊铺至九成满。
9. 撒点杏仁片装饰。这个配方做了 3 个挞。
10. 烤箱提前以上下火 180℃预热好，然后将材料放入中层烤 20 分钟左右即可。

“婶子碎碎念”

1. 紫薯也可以换成红薯来做。先将牛奶和鸡蛋搅拌均匀，充分搅打至出现丰富的泡沫，可增加成品的蓬松感。最后放入低筋粉后略微搅拌均匀。如果搅拌过度了，面糊会起筋，成品口感就不好了。

2. 铺一层紫薯盖一层面糊，这样最后烤出来的饼就是那种千层的感觉了。铺锡纸比较方便脱模，并且能避免面糊从派盘的缝隙中流出去。

红枣浆司康饼

这是一款用养颜豆浆做的甜点，甜味大都来自豆浆和红枣。虽然它口感上不如那些加了黄油的点心浓重，但对嗜好清淡口感的人来说，也是一款不错的下午茶点心。

食材和时间

分量 约 15 个

时间 30 分钟

材料

- 低筋粉……150 克
- 泡打粉……3 克
- 红枣豆浆……50 克
- 玉米油……25 克
- 盐……1 克
- 细砂糖……10 克
- 鸡蛋液……20 克
- 红枣碎……20 克

扫码看视频

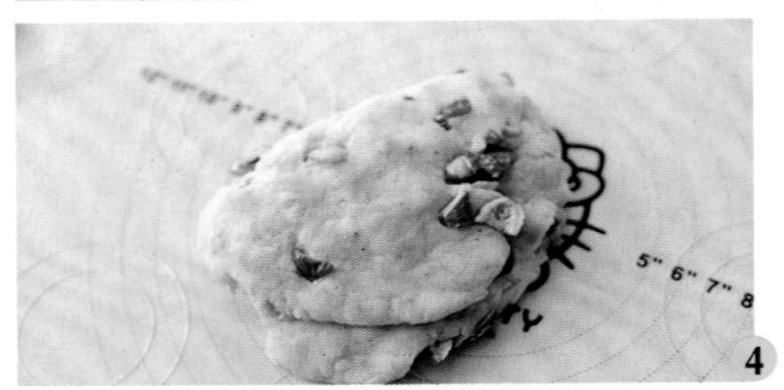

步骤

1. 所有材料都准备好。红枣豆浆的做法可以参考本书第 72 页的做法。
2. 将低筋粉、泡打粉和盐，过筛到大碗中，倒入玉米油。用刮刀将油和面粉混合，制成粗粉的样子。
3. 倒入大部分鸡蛋液和全部的红枣豆浆，继续用刮刀将材料拌匀。
4. 倒入红枣碎。将材料混合成一个面团，对折一下。
5. 将面团擀成一个厚为 1.3 ～ 1.4 厘米的面片。用饼干模具切出好看的形状来。没有模具就切成小块。
6. 有间隔地放入烤盘中，表面刷一层鸡蛋液。烤箱提前用 180℃预热好，然后将材料放入中层烘烤 15 分钟左右至表面上色即可。也可以用空气炸烤箱，以 170℃，烤 13 ～ 14 分钟就可以了。

“婶子碎碎念”

1. 豆浆也可以用现成的，但因为大家用的豆浆浓度不同，所以配方里的 50 克的量供参考。用量以司康面团能够成团不散开但是又不会很粘手为标准。

2. 你也可以把玉米油换成黄油，但黄油需要切成小块后跟面粉一起不停地揉搓使面粉变成粗粉的样子后再用。

3. 司康面团做好后稍微对折两下就可以擀开了，不要过度揉搓，否则面团会起筋，影响最终的口感。

扫码看视频

黑米粗粮饼干

吃腻了普通面粉做的饼干，不如试试这款用黑米磨成粉后做的粗粮饼干吧。一块吃下去饱腹感很强，非常适合下午饿的时候来一块。而且用黑豆浆代替牛奶，用玉米油代替黄油，会让这款饼干吃起来没什么心理负担。

食材和时间

分量 大约 32 块

时间 60 分钟

材料 黑豆豆浆材料：

黑豆……50 克
水……400 毫升

饼干材料：

黑米……120 克
低筋粉……60 克
细砂糖……30 克
鸡蛋液……50 克
黑豆豆浆……40 克
玉米油……25 克
生核桃仁……32 个

步骤

1. 将50克黑豆和400克毫升水，放入破壁机，开启豆浆模式。豆浆做好之后取40克使用。剩余的可以做其他食品或饮用。
2. 将黑米倒入破壁机中，先低速打 15 秒，再高速打 20 秒。磨成很细腻的黑米粉后备用。
3. 所有的材料都准备好。
4. 鸡蛋液放到大碗中打散，加入细砂糖，用打蛋器打均匀。

5. 倒入黑豆豆浆拌匀，再倒入玉米油继续拌匀，避免水油分离。
6. 筛入低筋粉和黑米粉。
7. 用刮刀翻拌均匀，将所有材料团成一个面团。
8. 按照 10 克一个的标准，将面团平均分割，滚圆。
9. 将小圆球有间隔地放到烤盘里，按压，每个面团上放上生核桃仁。
10. 烤箱提前以上下火 180℃预热好，将材料放入中层烘烤 15 分钟即可。

5

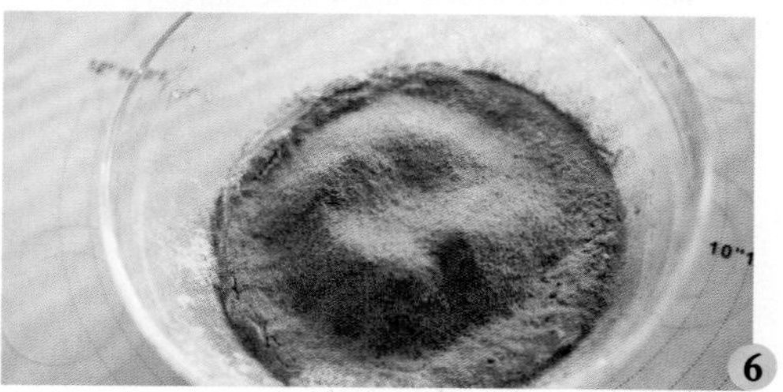
6

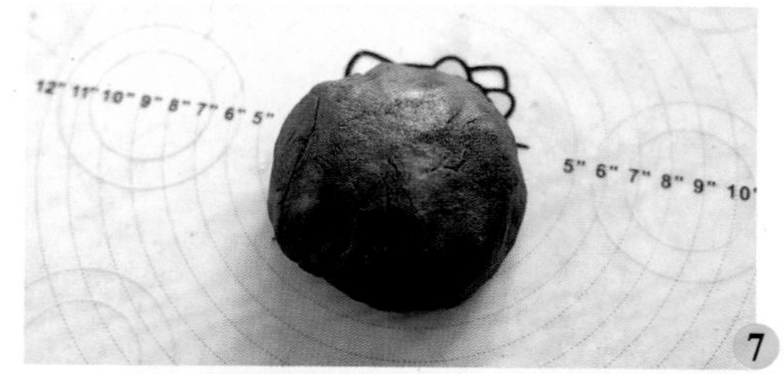
7

8

9

10

“婶子碎碎念”

1. 这个饼干不能全部用黑米粉来做，否则易碎，口感还很粗，加一小部分低筋粉进去就好些了。

2. 黑豆浆也可以换成等量的牛奶，但牛奶和豆浆含水量不同，所以用的量以做的面团能成团并且不很粘手为标准。

茯苓芡实糕

清朝时期有个养生名小吃，叫“八珍糕”。据说这种糕是讲究养生的乾隆皇帝钦定的，也是他每天要吃的夜宵。只不过这种糕药味较浓，所以我们家庭自制可以少放一些材料，只用味道较清淡的茯苓和芡实来做。这样做出的糕的口感较好，还能起到健脾祛湿的效果。

食材和时间

分量　8块

时间　60分钟

材料

材料	用量
茯苓	35克
芡实	35克
糯米	70克
大米	130克
细砂糖	40克
蜜红豆	150克
水	100毫升
干桂花	少许
桂花酱	少许

步骤

1. 茯苓和芡实清洗干净，放入空气炸锅或者烤箱中，用180℃烘烤8 ~ 9分钟至微微有些变黄。
2. 两种材料放凉后和大米、糯米都倒入破壁机的研磨杯中。
3. 先低速再高速搅打，使其成为细腻的粉末。
4. 将粉末倒入大碗中，倒入细砂糖和水。
5. 用筷子充分拌匀。材料会变成类似粗玉米粉的样子。
6. 用筛子将粉过滤一遍，使其变得细腻，以免有结块。

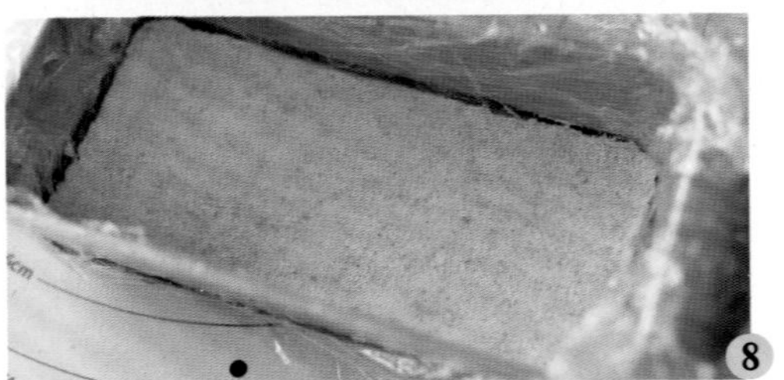

7. 抓一把粉，能像图中这样团成块就可以了。
8. 容器中提前铺上耐高温的保鲜膜。铺入一半的粉末，用手压结实一些。
9. 铺上一层蜜红豆，压紧一些。
10. 将剩下的粉继续铺进去，压实。表面撒点干桂花，再用刀子将压实的糕切出方格的痕迹来。
11. 送入蒸锅大火蒸 35 分钟左右，关火后闷 5 分钟再出锅。
12. 将蒸好的茯苓芡实糕脱模，顺着之前切出的痕迹切块，表面再淋点桂花酱就可以吃了。

“婶子碎碎念”

1. 芡实和茯苓提前炒熟或者烤熟后磨成粉再蒸，做出的成品口感较好。

2. 往容器里铺粉后一定要压紧、压实了，这样蒸熟后成品才不容易散开。蒸好的糕比较有韧性，切的时候容易碎掉、不整齐，所以蒸之前提前切出痕迹，等蒸熟后再顺着痕迹切块就整齐多了。

火龙果藕粉糕

吃惯了单一口味的藕粉后，想用新鲜果蔬来做个色彩斑斓的果味藕糕尝鲜。我用了有长寿果之称的红心火龙果和藕粉一起蒸，做出的成品是那种炫目的紫红色。它可以说是一款颜值很高的养生小点。

扫码看视频

食材和时间

分量 大约 15 块

时间 60 分钟

材料

材料	用量
火龙果	150 克
藕粉	50 克
玉米淀粉	15 克
细砂糖	10 克
椰蓉	少许

步骤

1. 火龙果切小块，其他材料也都准备好。藕粉我用了自制的，可以参考本书第 122 页。
2. 将所有材料都放进破壁机里打成细腻的糊糊。
3. 在耐高温容器内提前铺上耐高温的保鲜膜或者油纸，将打好的糊糊倒进去。
4. 放进蒸锅或者蒸箱，用大火蒸 20 分钟左右。
5. 蒸好的火龙果藕粉糕能看到已经凝固了，拿出来先放凉，等到彻底放凉后切小块。
6. 表面再蘸上一圈椰蓉防粘就可以吃了。

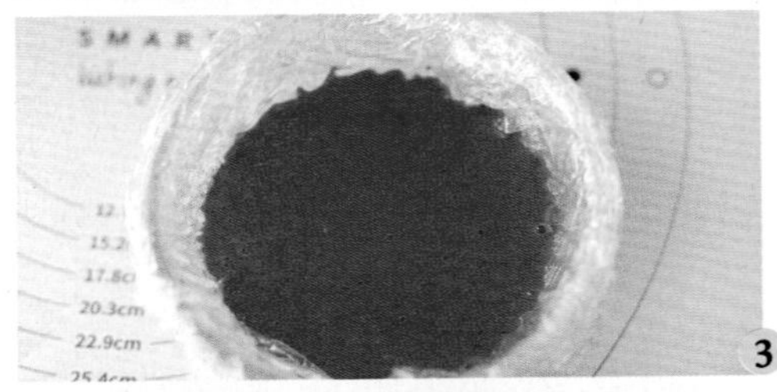

“婶子碎碎念”

火龙果也可以换成橙子、南瓜、草莓等其他果蔬。

七彩芸豆糕

外表色泽雪白，质地柔软细腻，馅料香甜爽口。咱们在家做这款传统小糕点的时候，可以加点果蔬粉进去，将其升级为彩色的。里面的馅儿也是甜而不腻的陈皮红豆沙，口味更佳。快来试试吧。

食材和时间

分量 大约 20 个

时间 80 分钟（不含浸泡时间）

材料
大白芸豆……300 克
水……900 毫升左右
玉米油……70 克
细砂糖……90 克
南瓜粉……2 克
紫薯粉……2 克
红曲粉……2 克
陈皮红豆馅儿……400 克左右

扫码看视频

步骤

1. 大白芸豆需要提前用水浸泡 12 小时以上，才好去皮。
2. 将去掉皮的白芸豆放到锅里，倒入能没过白芸豆的水，开始熬煮吧。
3. 熬煮的时候记得随时搅拌，大约煮 40 分钟，白芸豆就会变得比较软烂了。
4. 将熬煮好的白芸豆连同汤汁一起倒入破壁机杯中。
5. 先低速再高速搅打，将白芸豆打成很细腻的状态。
6. 打好的白芸豆泥倒入不粘锅中，同时倒入玉米油、细砂糖，翻炒。
7. 一直炒到白芸豆泥变成可以成团的固体。
8. 取一部分芸豆泥出来，按 20 克一份的标准，分成三份，分别倒入不同颜色的果蔬粉。

9. 揉成三种颜色的小面团。
10. 月饼模具我用的是 50 克规格的，所以按照芸豆泥 30 克一个，红豆馅儿 20 克一个的标准将材料称量出来，滚圆。
11. 取一个芸豆泥球按扁，包入一颗红豆馅儿球，用虎口帮忙将红豆馅儿包好。
12. 月饼模具的花片提前抹点油（分量外）防粘，放点刚才做好的彩色芸豆泥小面团进去填补下图案。
13. 再将包好的白芸豆球放进去按压均匀。
14. 压紧后脱模。这样芸豆糕的表面就是彩色的图案了。
15. 按这个方式将彩色芸豆糕都做好。如果不想麻烦就做原色的即可。

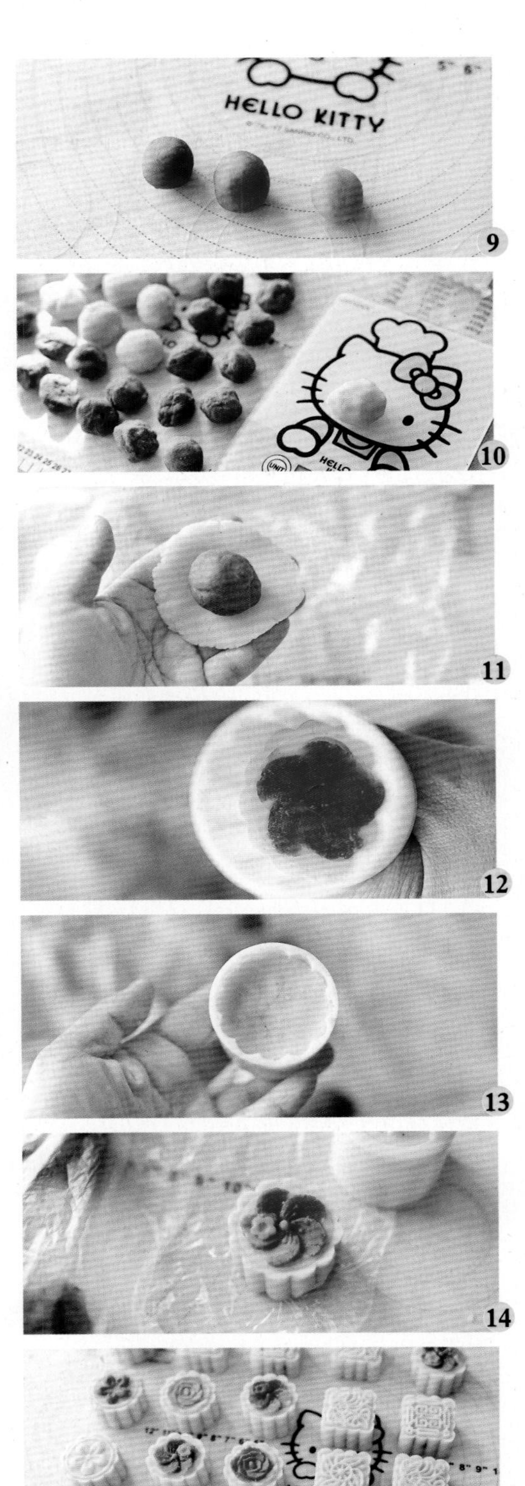

“婶子碎碎念”

1. 大白芸豆最好浸泡过夜，夏天就放到冰箱里冷藏。如果时间来不及也可以煮 3 ~ 4 分钟，之后泡入凉水中方便去皮。去皮的芸豆也可以用电饭煲或者压力煲来煮，比较节约时间。

2. 加入玉米油炒是为了让成品口感细腻顺滑、不干燥。

3. 用破壁机打好的大白芸豆泥大约 700 克，我加了 70 克玉米油和 90 克细砂糖感觉甜度刚刚好。最后的翻炒，炒到芸豆泥能够成团即可。

4. 红豆馅儿和彩色果蔬粉都是自制的。陈皮红豆馅的做法可以参考本书第 158 页，自制果蔬粉的做法可以参考本书第 117 页。

玫瑰阿胶糕

阿胶糕是大家公认的养生食材，它可以起到很好的保健养生作用。优点很多的它也有缺点，那就是制作时间有点长。因为阿胶块要先放到黄酒里泡三天以上才好熬煮。但有了破壁机后，就不是问题了。只需要把阿胶块打成粉末后再泡入酒里，等待 24 小时就可以开始制作了。

食材和时间

模具 28 厘米 ×28 厘米的不粘盘一个

时间 24 小时以上（全部时间）

材料

阿胶块……250 克
黄酒……500 克
冰糖……140 克
红枣……180 克
枸杞……80 克
生核桃仁……200 克
腰果……80 克
黑芝麻……300 克
玫瑰花瓣……300 克

步骤

1. 将阿胶块用棉布包起来，用擀面杖敲成碎块。全部放进破壁机的研磨杯中。先低速再高速进行搅打。
2. 打成细腻的阿胶粉。
3. 将打好的阿胶粉倒入比较大的锅中，再倒入黄酒。拌匀后盖上盖子，浸泡 24 小时后再使用。
4. 将冰糖也用破壁机打成粉末。
5. 红枣去核，切小块。生核桃仁和腰果需要用 160℃烘烤 12 ～ 13 分钟后再用。黑芝麻如果是生的，也需要提前用锅炒熟、炒香。
6. 将已经浸泡好的阿胶粉搅拌下。开始加热锅，先倒入冰糖粉，拌匀。
7. 随着温度的升高，冰糖全部化开，液体也会开始沸腾。水不断蒸发后，阿胶液会越来越黏稠，熬到提起刮刀出现“挂旗”现象，也就是液体呈平面状态滴落，挺像一面小旗子的时候，就可以关火了。
8. 迅速将枸杞放进去快速搅拌，再放烤熟的核桃仁、腰果、红枣，拌匀。

9

10

11

12

13

9. 最后倒入一半黑芝麻，拌匀，再倒入剩下的一半拌匀，材料变成黏糊糊的一大锅了。
10. 在不粘盘底部铺好油布防粘，趁热将材料都倒入不粘盘中。
11. 可以垫着油纸或者保鲜袋，用工具或者擀面杖将表面压平后整理成和不粘盘高度一样的方方正正的长方体。
12. 撕掉表面的保鲜膜或者油纸，撒上可食用的玫瑰花瓣，用擀面杖或者其他工具将玫瑰花按平在表面。
13. 等到膏体有点定型后将它脱模出来。用刀子切成条，每条再切成厚 0.5 厘米左右的片就做好了。

“婶子碎碎念”

1. 熬阿胶糕最好用黄冰糖，白冰糖次之，但因为将冰糖熬化的时间比较长，为避免阿胶液已经熬好而冰糖还没完全化开的问题，最好将冰糖提前打成粉末。

2. 阿胶糕液要熬到“挂旗”状态，做出的成品口感才最佳。熬制时间短了做出来的成品较软，时间长了又硬。刚拌匀后的阿胶糕会很黏，所以容器内要铺好油布做好防粘工作。用油纸也可以，但油纸必须等到冷却下来才能拿掉，否则容易撕碎了粘在糕上面。

VEGETABLES
扫码看视频

红豆葛根糕

葛根是营养价值很高的天然食材，它可以帮助女性养颜，特别是可以改善更年期综合征。因为葛根本身没什么气味，所以磨成粉后很适合用来制作养生的小糕点。

食材和时间

分量 圆饭盒和方饭盒各一个

时间 60 分钟（不含浸泡、冷藏时间）

材料

干红豆……160 克

纯净水……1000 毫升

葛根……100 克

赤藓糖醇……55 克

（如果用细砂糖就是 45 克左右）

过滤后的红豆汤……350 克

步骤

1. 葛根粉我是用的葛根块打的。放了 100 克进去。打成细腻的葛根粉备用。
2. 干红豆提前加入足量的清水浸泡，捞出沥干后放入锅中加入纯净水。开始煮红豆汤吧，煮到红豆变软就可以了。
3. 煮好的红豆先用过滤网过滤出来。将煮好的红豆汤用过滤网过滤出渣子来。将红豆水放凉后再使用。这时候所有的材料就都准备好了。
4. 将赤藓糖醇和葛根粉先混合在一起，之后一边倒入已经放凉的红豆水一边搅拌，如果用热的红豆水，葛根粉就容易结块。材料变成比较细腻、无颗粒的面糊了。

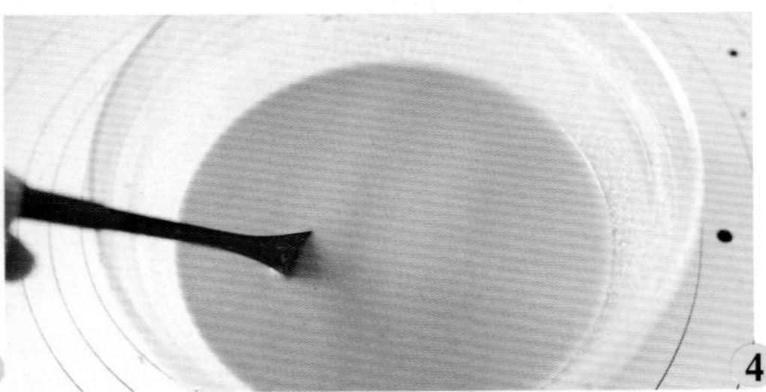

5. 将刚才已经捞出来的熟红豆都倒进去，略微拌匀这个红豆糕糊就调好了。
6. 提前准备好耐高温的保鲜盒，内部先铺上油纸或者耐高温的保鲜膜，然后将调好的红豆糕均匀地倒进两个保鲜盒里。
7. 用大火蒸 25 分钟左右。
8. 蒸好的葛根红豆糕整个已经凝固住了，但表面还有些湿湿的。我们把它拿出来先放凉，放入冰箱冷藏1个小时后再拿出来。
9. 图中是已经冷藏好的了，能看到完全凝固了，拎着铺在底下的保鲜膜，把糕脱模出来。
10. 脱模出来的葛根红豆糕，建议用面包刀也就是带锯齿的那种刀来切块。这样边缘部分就会切得很整齐了。

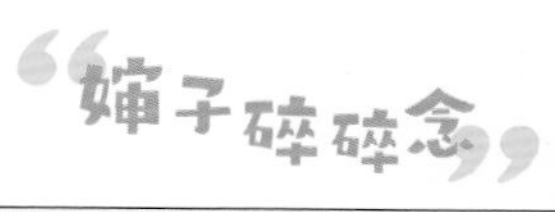

1. 这里的葛根要买粉葛根，不要用褐色的药葛。那种葛根做出来和糕蒸完后发苦。用粉葛做出的糕是淡淡的清甜味道。除了可以做这个养生小糕点，也可以打成粉后加热水熬煮成糊糊，或者是平时做面食、糕点放点进去，使用起来还是挺灵活的。

2. 葛根属于凉性食物。本身是体寒湿气重（也就是虚寒体质）的人吃多了容易引发不适，特别是胃寒的人更会不适应。搭配一些热性的食材食用能好点，比如可以和桂圆、核桃、花生一起熬粥。

5

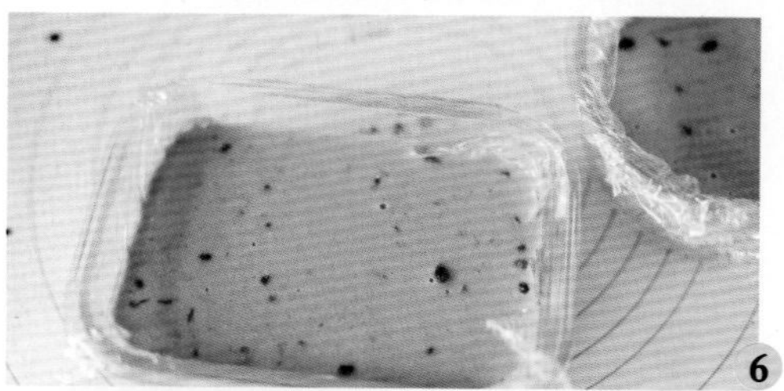

6

7

8

9

10

七宝祛湿糕

每年夏季，都是人体内湿气最重的时节。大量食用冷饮等不合理的饮食习惯，会让湿气在体内一直积累，加重后就容易导致发湿疹、起痘痘、虚胖水肿、减肥总减不下去等现象。今天分享的这个祛湿糕，用了薏米、芡实等食材制作，携带方便。平时随手来几颗，湿气不是非常严重的人，基本上一个月就可以有明显的效果了。

食材和时间

分量　大约110块

时间　40分钟（不含浸泡时间）

材料

薏米……50克

赤小豆……50克

芡实……30克

黑豆……40克

莲子……30克

山药干……30克

黑芝麻……40克

蜂蜜……100克

热水……70毫升

糯米粉……30克

步骤

1. 莲子和芡实需要提前用水浸泡30分钟以上。
2. 将莲子去掉苦芯。
3. 将除了山药干、黑芝麻、糯米粉、蜂蜜、热水这些材料外的其他材料都倒进烤盘里面。用180℃烘烤15分钟左右就可以了。
4. 烘干食材的时候来处理黑芝麻和糯米粉。因为黑芝麻很快就会烤煳了，所以单独用锅开小火炒，炒到黑芝麻有香气就可以了.
5. 用小火炒糯米粉，也是炒到粉有些微微发黄就可以了。糯米粉是用来防粘的。
6. 这时候烤箱里的食材也差不多都烤好了，但还很烫，不能直接拿去打粉，容易结块。我们需要将食材都平铺到大盘子里充分放凉。
7. 将已经放凉的以上食材，连同30克山药干，还有30克黑芝麻一起放到破壁机的杯子中。
8. 高速搅打变成粉末。

9. 为了让祛湿糕的口感更好，我们需要将打好的粉再用滤网过筛一下。
10. 将过筛后的粉和剩下的那 10 克黑芝麻混合拌匀，倒入蜂蜜充分拌匀。将热水再分次倒入，每次倒入都拌匀。
11. 一直到所有的干粉都可以团成面团的状态。
12. 将团好的面团拿出来，放到保鲜膜上，然后用擀面杖擀成方方正正的大厚片，厚度最好为 1 厘米左右。
13. 擀好以后，用厨刀切成 1.5 厘米左右见方的块。
14. 将刚才已经炒熟的糯米粉撒到切好的祛湿糕上，然后抓匀，起到防粘的作用。将祛湿糕密封保存好，不吃的时候密封，在低温处保存即可。

1. 我用了多种食材来做，如果你手头没这么多，只用赤小豆、薏米、芡实这些材料也是可以的。如果你能买到茯苓或者葛根更好。但一定要提前将所有食材都烘熟或者炒熟了后再打粉，否则容易造成消化不良。

2. 如果家里没有破壁机或者相关机器打粉，那就将这些食材放一起熬祛湿粥喝吧。不过薏米还是需要提前炒到微微变黄再熬，效果才最好。

3. 不能吃甜的就降低蜂蜜的用量或者是直接用热水冲泡打好的粉喝即可。

4. 山药干做法可参考本书第 136 页。

巧克力大米饼

你知道大米也可以用来做饼干吗？这款巧克力米饼，用了新大米来磨粉，然后又加入了黑巧克力和巧克力豆，做出来后的饼干的酥脆感居然比用面粉做的还好。

食材和时间

分量 约 20 个

时间 50 分钟

材料

- 大米……70 克
- 低筋粉……30 克
- 黄油……50 克
- 糖粉……20 克
- 黑巧克力……15 克
- 巧克力豆……30 克

步骤

1. 将黑巧克力隔热水化成液态，晾凉。
2. 所有材料都准备好。黄油切块后软化。
3. 将大米打成很细腻的粉末。
4. 软化后的黄油放入大碗中，加入糖粉，用打蛋器打发到颜色变白。
5. 倒入刚才凉下来的巧克力液，继续用打蛋器搅打均匀，直到变成比较蓬松的状态。
6. 将低筋粉和大米粉过筛，用刮刀采用切拌的手法拌到没有干粉的状态。

7. 倒入巧克力豆，略微拌匀。
8. 将所有材料倒入保鲜袋中，团成面团。
9. 按照 10 ～ 11 克一个的标准分割。
10. 分割后的小面团再滚圆成小圆球。
11. 将小球有间隔地放到铺了油纸的烤盘中，然后用手掌略微按压成圆饼。
12. 烤箱提前以上下火 170℃预热好，将材料放入中层，烘烤 15 分钟即可。

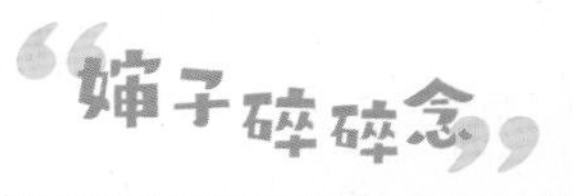

1. 大米粉要打到很细腻的状态，要不然做出的成品会有颗粒感。如果完全用大米粉来做这个饼干，成品不易成型，易碎，所以需要加入一部分低筋粉中和下。

2. 巧克力液要等到放凉后再加入黄油中。如果将热的巧乐力液加进去，黄油会化成液态。用它们做饼干，容易水油分离而且不太成型。

3. 自制糖粉的做法可以参考本书的第 113 页。

蒜香虾粉饼

吃腻了甜饼干，不妨来款咸香酥脆的饼干试试。不爱吃蒜的人可能会觉得这款饼干的口味有点重，但对爱吃蒜的人来说，这款饼干就很不错了。虾粉和蒜粉融合在一起，味道很独特。试一下吧，说不定你会爱上这奇特的滋味的。

食材和时间

分量 大约 40 块

时间 30 分钟（不含冷冻时间）

材料

- 低筋粉……120 克
- 糖粉……25 克
- 黄油……70 克
- 盐……2 克
- 虾粉……20 克
- 蒜粉……4 克
- 鸡蛋液……30 克

扫码看视频

步骤

1. 黄油提前切小块，软化。鸡蛋液打散。黄油中倒入糖粉和盐。用电动打蛋器打发黄油，直到呈现出蓬松状后分次倒入鸡蛋液继续打发均匀。
2. 筛入低筋粉和虾粉，再倒入蒜粉，用刮刀将面糊和黄油切拌均匀，直到材料呈现没有干粉的状态。
3. 找一个保鲜袋，将所有材料倒进去，隔着保鲜袋团成一个面团。
4. 将面团放进长条饼干模具中，整理成长条。送去冰箱冷冻 1 小时，直到变硬了再用。
5. 冷冻好的饼干面团切成 0.3 厘米厚的饼干片。
6. 将饼干生坯有间距地放入烤盘中。烤箱以上下火 180℃预热好，放入材料烘烤 12 ~ 13 分钟即可。

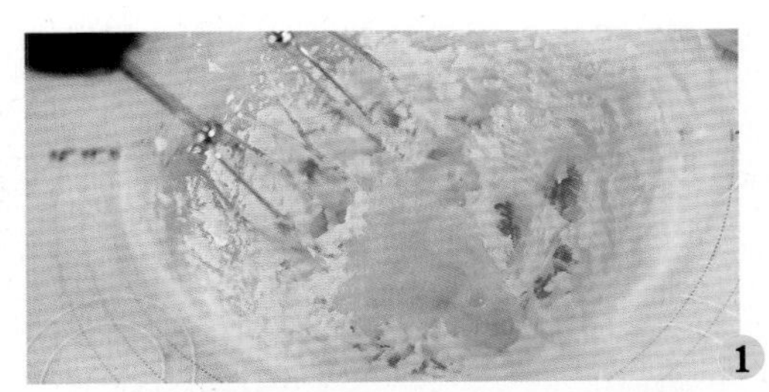
1

2

3

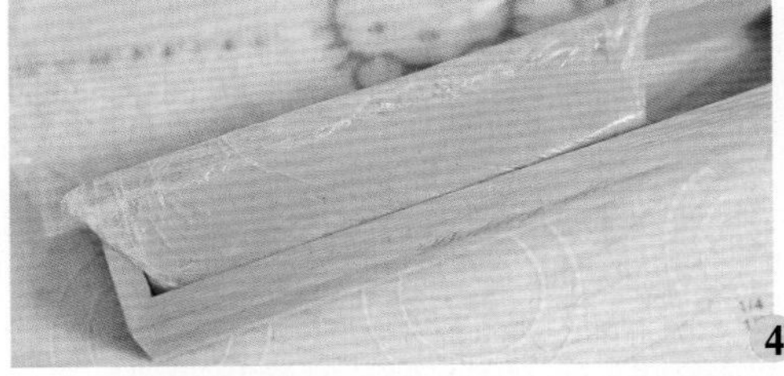
4

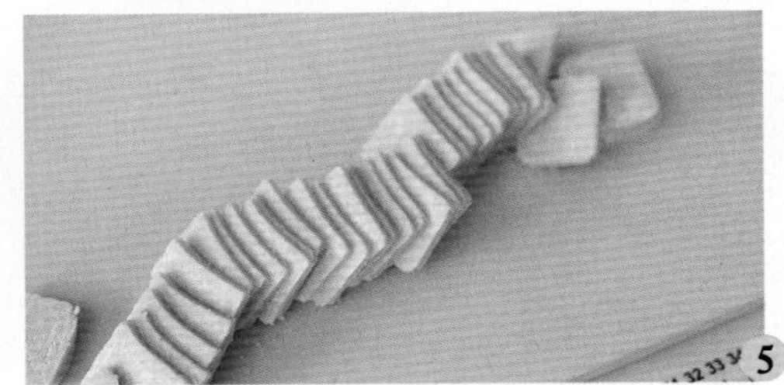
5

6

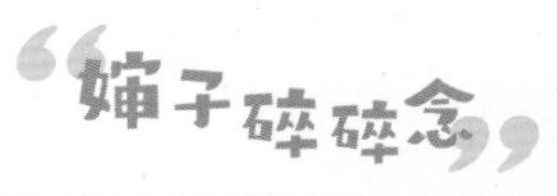

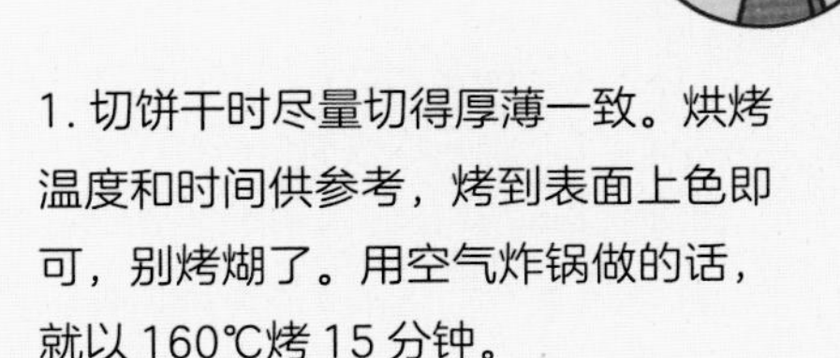

1. 切饼干时尽量切得厚薄一致。烘烤温度和时间供参考，烤到表面上色即可，别烤煳了。用空气炸锅做的话，就以 160℃烤 15 分钟。

2. 虾粉做法可参考本书的第 119 页。蒜粉做法可参考本书的第 116 页。

玉米芝士球

这款金黄色的玉米芝士球非常受我家小朋友的欢迎。它不但外脆里软带着浓郁的玉米香气，还有奶香味浓郁的马苏里拉芝士。炸出来后一定要趁热吃。热的时候咬一口，就能看到里面芝士拉丝的效果啦。

食材和时间

分量 大约 22 个

时间 30 分钟

材料

玉米渣糊……100 克
糯米粉……110 克左右
细砂糖……25 克
马苏里拉芝士丝……40 克
植物油……适量
玉米汁……少许

扫码看视频

步骤

1. 玉米渣糊是用做好的玉米汁过滤后得到的。玉米汁做法可参考本书第 82 页。
2. 糯米粉也是用的自制的。其做法可参考本书第 112 页。也可以用市售糯米粉。其他材料都准备好。在玉米渣糊糊中倒入玉米汁、细砂糖和一半糯米粉，拌匀。
3. 倒入剩下的糯米粉拌匀，团成一个比较柔软的面团。
4. 面团搓成一个长条，按照 10 克一个的标准分割。
5. 每个小面团滚成圆球状后按扁，包入适量的马苏里拉芝士丝。
6. 包好后滚成一个圆球。表面可以蘸点糯米粉（分量外），防止彼此粘连。
7. 锅中倒入适量植物油，烧到七成热左右。放入玉米球，锅里会立刻开始冒气泡。用漏勺将玉米球不停地按压翻滚让它能够在油里均匀受热，炸出金黄色的外表就可以捞出来控油了。

1. 转速很快的破壁机做出来的玉米汁过滤不出太多的固体渣子，做出的是那种很细腻的玉米泥，所以我又加了点玉米汁进去。如果你过滤出来的固体渣子比较多，那么就要少加一些糯米粉了。配方里的糯米粉量，以材料能成为一个柔软的面团即可。

2. 玉米球除了可以包入芝士，也可以包入豆沙馅儿、紫薯馅儿等等。

酸枣仁桑葚丸

失眠多梦怎么办？吃药不如食补。可以试试这款口感清甜的酸枣仁桑葚丸。酸枣仁具有镇静、安眠、增强免疫力等作用，有极高的药用价值。配以精选材料熬制成丸后，气香微甜，长期服用可帮助改善失眠问题，提升睡眠质量，缓解头疼、眩晕、疲惫等现象。

食材和时间

分量 大约 50 个

时间 60 分钟

材料 熟酸枣仁……130 克
桑葚干……100 克
茯苓……30 克
黑芝麻……80 克
蜂蜜……150 克

步骤

1. 所有材料都准备好。酸枣仁我用的炒熟的，可以直接打粉。如果用生的，需要将它提前炒熟。
2. 黑芝麻和茯苓需要放到烤箱中，用 160℃烘烤 20 分钟，放凉了再用。
3. 将除了蜂蜜之外的其他材料倒入破壁机研磨杯中。
4. 先低速再高速搅打。

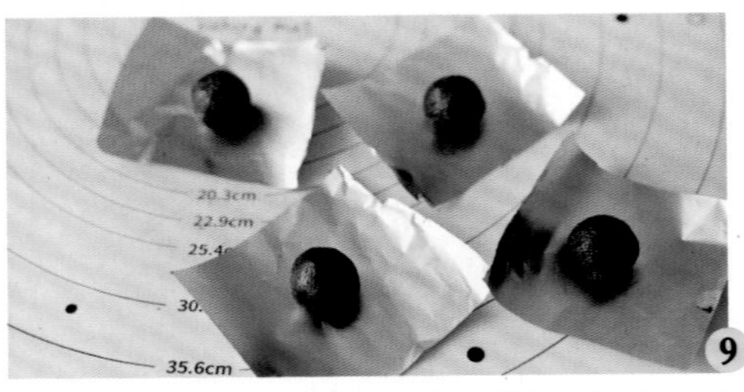

5. 直到材料变成比较细腻的粉末。
6. 用筛网将打好的粉末过筛，可以防止出现结块。
7. 在过筛后的粉末中倒入蜂蜜。充分搅拌均匀。此时的粉末就会有黏性了。
8. 按照 10 ～ 11 克一个的标准分割。用手使劲攥一攥，再滚圆成表面光滑的丸子。这里建议大家戴手套做，既可以防粘，又可以让丸子表面比较光亮。
9. 将滚好的黑色丸子，放到正方形的锡纸中，等待一会儿，让它表面风干、定型。
10. 定型后用锡纸将丸子包好，送去冷藏密封保存即可。

“婶子碎碎念”

1. 酸枣仁具有宁神、安眠的功效，但不太适合孕妇以及肝肾功能不全、对药物过敏的人食用，所以吃之前最好看一下自己是否合适。

2. 如果用新鲜的桑葚，需要将其烘干后磨成粉。这一步耗时比较长，所以建议直接买桑葚干。不过就算是桑葚干，搅打时也会因为果肉含水，容易结块，所以加入少许黑芝麻和茯苓一起打会好很多。

3. 刚搓好的丸子比较软，还有点黏。我们可以等一会儿，让它风干、定型后再包起来。

红豆葛根薯圆

葛根作为一种天然的中草药，有利于美容养颜、延缓衰老。除了将葛根磨粉泡水喝外,也可以用它做成薯圆丸子。把它放进红豆甜品中一起食用，在解馋的同时还能达到养生的效果。

食材和时间

分量 2 人份

时间 40 分钟（不含浸泡、冷藏时间）

材料

红豆沙材料：

红豆……200 克

冰糖……20 克

水……400 毫升

葛根粉芋圆材料：

紫薯……70 克

红薯……70 克

葛根粉……55 克

细砂糖……6 克

其他材料：

牛奶……1 小碗

桂花蜜……适量

干桂花……少许

步骤

1. 先做红豆沙。红豆提前浸泡 1 小时以上。
2. 放到电饭锅中，加入水，再加入冰糖。开启煮五谷饭模式，打好后放在一边先放凉。
3. 葛根块放到破壁机中先低速再高速搅打，直到材料变成很细腻的粉末。
4. 将紫薯和红薯提前蒸熟，碾成细腻的泥。
5. 紫薯泥中加入 25 克葛根粉和 3 克白糖，拌匀。红薯泥中加入 30 克葛根粉和 3 克白糖，拌匀。
6. 所有材料拌匀后，分别团成一个柔软的面团。因为大家用的紫薯和红薯含水量有差异，所以葛根粉的用量可以根据面团状态灵活调整下。

7. 将双色面团都搓成细长条，然后切成图中这样的小段。

8. 锅中烧开水，倒入刚才做好的葛根粉薯圆，煮到能浮上来，用滤网捞出。

9. 过一下凉水，捞出，沥干水。

10. 碗中放入红豆沙和葛根薯圆，再倒入适量牛奶，淋上桂花蜜，撒点干桂花就可以了。冷藏半小时以后再吃风味更佳。

"婶子碎碎念"

1. 紫薯的含水量比红薯低一些，所以做紫薯薯圆时用的葛根粉比做红薯薯圆少一些。在紫薯中我加了差不多 25 克就够了，在红薯中加了 30 克。大家做的时候灵活调整下。

2. 牛奶也可以换成椰浆或者椰汁，没有桂花蜜的就用其他蜂蜜。

3. 做的葛根薯圆一次吃不完可以冷冻起来，下次想吃的时候再煮。

坚果酱燕麦酥球

家里的坚果酱除了抹吐司，还可以加点燕麦片进去做这款零食。它的做法超简单，只需要将材料稍微混合就可以了。最主要的是它的味道还不错。感觉它比超市里卖的谷物饼干更好吃。另外，做这款酥球还可以帮助消耗吃不完的花生腰果酱呢。

食材和时间

分量 约 15 个

时间 20 分钟

材料
- 花生腰果酱……………………70 克
  （做法见本书第 138 页）
- 即食燕麦片……………………80 克
- 蜂蜜……………………………20 克
- 蔓越莓…………………………20 克

1

步骤

1. 蔓越莓切成小丁。其他材料都准备好。
2. 将即食燕麦片倒入大碗中，加入蜂蜜充分拌匀。此时材料会有些结块。
3. 倒入花生腰果酱，继续用刮刀拌匀。
4. 倒入蔓越莓丁拌匀。此时材料就可以成团了。材料呈现不会散开但又不怎么粘手的状态。
5. 按照 10 ～ 11 克一个的标准，将燕麦团平均分割，滚成圆球。
6. 空气炸锅提前以 170℃预热好，然后将圆球放入炸锅中。用烤箱做的，就用 180℃预热，将圆球放到烤箱中层。
7. 烘烤差不多 10 分钟，至圆球表面有些上色就可以了。

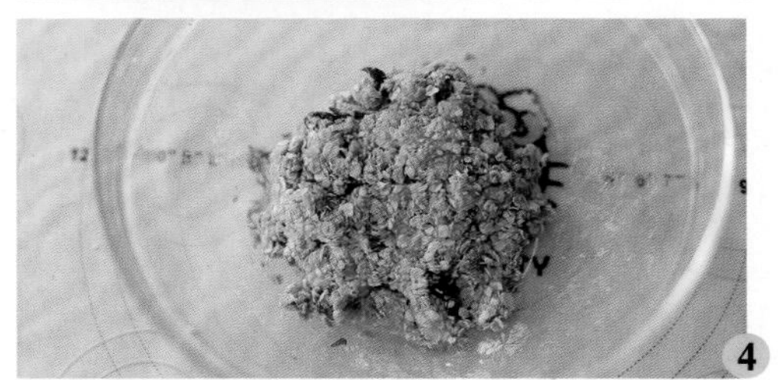

“婶子碎碎念”

1. 这是一款不放面粉，只用燕麦片做的小酥饼。全靠花生腰果酱与蜂蜜使材料成团。燕麦片能成团，不散开并且也不那么粘手就可以了。材料太干的话就加酱，太黏了就加燕麦片。

2. 烘烤到最后两三分钟时看一下。上色较深了就拿出来，别烤煳了。

3. 如果想让成品口感比较酥脆，可以将材料团成球后再压成饼。这样烘烤的时间也要相应缩短。用炸锅烤 5 ～ 6 分钟就可以拿出来了。毕竟薄饼熟得更快。

扫码看视频

红枣坚果糖

花生糖大家都不陌生。它是一款很经典、很传统的零食。咬上一口，感觉满口生香，停不下口。我们将传统食材升级，将花生换成巴旦木和腰果，再加入少许红枣丁来做，更不会让爱吃糖果的人失望了。

食材和时间

分量 大约 30 克

时间 30 分钟

材料

巴旦木……100 克

腰果……70 克

红枣……25 克

绵白糖……130 克

蜂蜜……30 克

步骤

1. 红枣提前去核。其他材料也都准备好。
2. 用空气炸锅或者烤箱将巴旦木和腰果烤熟。以 160℃烤大约 10 分钟就可以了。
3. 去皮后和红枣一起放入研磨杯中。
4. 用中速也就是五挡打 8 ~ 10 秒。所有材料都变成颗粒，盛出来。

5. 锅中倒入白糖和蜂蜜，加热到白糖全部呈液态。
6. 倒入刚才打碎的坚果颗粒，快速搅拌。
7. 材料变成可以团成团的状态。
8. 趁热倒入不粘盘中。用擀面杖擀平表面，整理成一个规整的长方块。
9. 将整个坚果酥糖块拿出来。在表面画格，方便过会切块。
10. 趁热将酥糖切成若干个小长方块，凉下来就不好切了。切好后用油纸包起来冷藏存放即可。

“婶子碎碎念”

1. 有麦芽糖的话可以放入，代替一半的白糖。它的甜度比白糖低并且黏合能力也更好。白糖化开后倒入坚果碎中，快速搅拌，变成可以成团、有些黏的坚果糖块就行。

2. 放进不粘盘整形时动作要快些，在材料还热的时候切块。要是等完全凉下来再切就比较费劲了。做好的酥糖可以包上油纸防粘，放阴凉处存放。

雪梨橙汁棒棒糖

秋冬的时候嗓子容易干痒，可以熬一款雪梨橙汁棒棒糖吃。雪梨有生津润燥、清热化痰的功效。橙子能生津止渴，增强免疫力。麦芽糖也有补脾益气的作用。自己动手做的零添加剂糖果，给孩子吃比较放心。口干舌燥时来一根，滋润得很。

食材和时间

分量 大约 20 个

时间 30 分钟

材料 雪梨……2 个

橙子……1 个

麦芽糖……70 克

细砂糖……160 克

步骤

1. 雪梨去皮，切块。橙子去皮，尽量把白色的筋膜去掉。
2. 全部倒入破壁机中，使用果蔬模式打成细腻的雪梨橙子糊糊。
3. 做好的果汁糊糊需要先用过滤网滤成纯净的汁后再用。我用了两层过滤网一起滤，这样得到的汁更纯。
4. 最终得到 300 克左右的纯汁。将麦芽糖和细砂糖都准备好。
5. 将果汁倒入小锅中加热。将细砂糖倒进去，充分拌匀，再放麦芽糖，拌匀。
6. 开大火煮到果汁沸腾后继续熬煮。此时锅里会冒出比较大的泡泡。

7. 继续熬煮搅拌，泡泡会渐渐变小。等温度升到 130 度℃以上时就可以关火了。
8. 如果没有温度计，可以将糖液滴落到凉水中，如果糖液立刻凝固成有点硬的糖块就说明温度可以了。
9. 刚熬好的糖液还会有很多气泡，稍微等下，让气泡变少。
10. 倒入已经放了纸棍的棒棒糖硅胶模具中。
11. 放置到完全变凉并且凝固之后脱模即可。

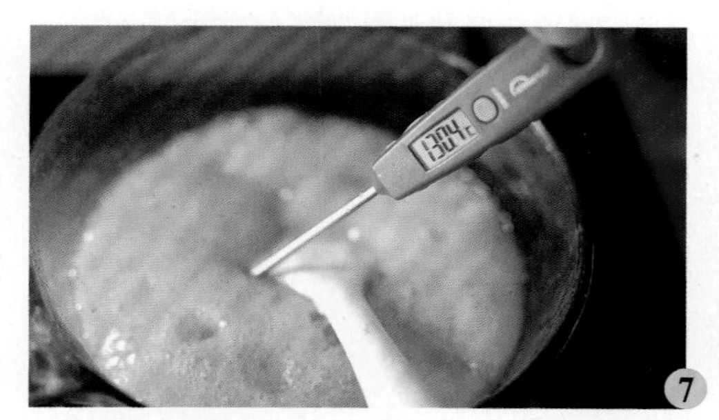

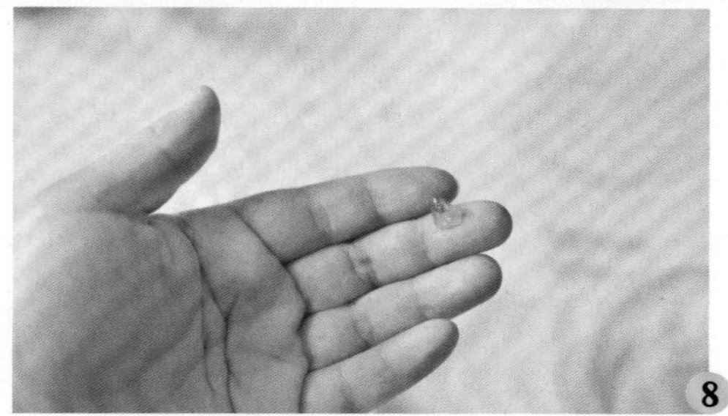

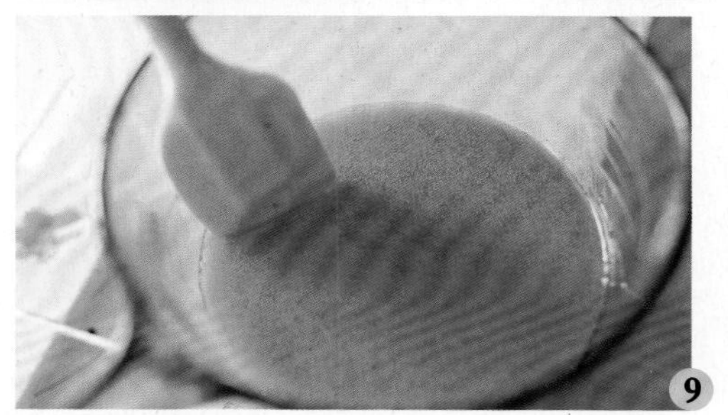

1. 做糖果用的果汁一定要过滤得比较纯净，做出的成品口感才好。

2. 麦芽糖没细砂糖那么甜，并且会让成品更加通透。如果没有麦芽糖也可以全部用细砂糖来做。

3. 糖浆必须熬到 130 ℃以上，以 135 ~ 145℃之间为佳，但不能高于 150℃。如果熬得温度太高，糖就会变成焦糖色了。

彩色鱿鱼片

超市里的鱿鱼片零食很受小朋友的欢迎，但它的用料可能有些问题。自己做就用真正的鱿鱼肉吧。成品的口感也会非常酥脆，能还原童年时的那种味道。如果想做彩色的，也可以加入果蔬汁或者果蔬粉。这就做成天然又健康的自制小零食了。

食材和时间

分量 两大袋

时间 5 小时（不含晾晒时间）

材料

鱿鱼肉……………… 300 克左右
木薯粉……………… 330 克
水……………… 20 毫升
白糖……………… 25 克
盐……………… 8 克
姜片……………… 3 片
自制椒盐粉……………… 1 小勺
（做法可见本书第 128 页）
植物油……………… 适量
抹茶粉……………… 3 ~ 4 克
南瓜粉……………… 3 ~ 4 克
紫薯粉……………… 3 ~ 4 克

1

2

步骤

1. 清洗干净的鱿鱼肉切小块。姜片切丝。
2. 倒入干磨杯中，加入水，再加白糖、盐和椒盐粉调味。
3. 用低速搅打 15 秒，再用高速搅打，将鱿鱼肉尽量打到很细腻为止。
4. 打好的鱿鱼泥平均分成三份，做三种颜色的鱿鱼片。
5. 在 100 克左右鱿鱼泥中放入 110 克木薯粉，再加入 3 ~ 4 克的抹茶粉。
6. 将材料拌匀后团成柔软的绿色圆柱形面团。
7. 其他两份鱿鱼泥也用同样的方法揉成圆柱形面团。我用南瓜粉和紫薯粉调的颜色。
8. 将三种颜色的木薯面团放到蒸锅或者蒸箱里，用大火蒸 40 分钟至彻底蒸熟。
9. 此时的面团摸起来有点软黏没法切片，需要放到烤箱里用 60℃低温烘烤 3 小时以上。没有烤箱的读者就将其放到通风处晾晒一晚上就可以了。

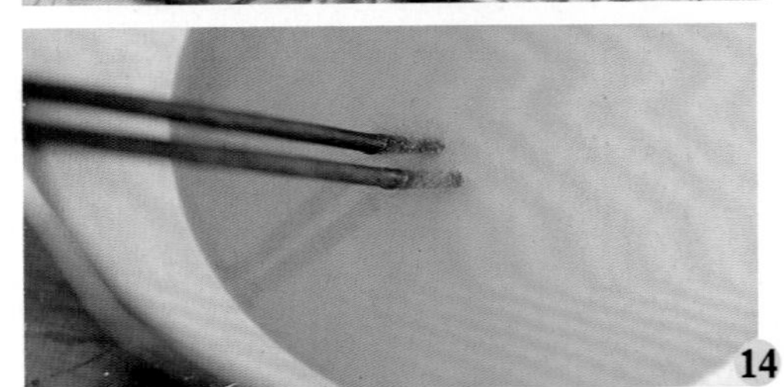

10. 图中是已经烘干的面团。它的外面已经变硬，摸起来也完全不黏手了。
11. 开始切片。片切得越薄越好。将三种颜色的面团都切好。这一步很费功夫。
12. 切完的面片要晾晒到完全干燥、变硬再油炸。家里有烤箱或者炸锅的读者，可以将面片放进去，调到 60℃，开始烘干。没机器的读者将面片平铺，晾晒到完全变干。
13. 用手抓一把完全烘干的鱿鱼片，它会发出“哗啦哗啦”的声音。
14. 锅中倒入适量的油，大火加热到插入木筷后油能够快速冒出泡的状态。
15. 将几片烘干的鱿鱼片放进去，能够快速膨胀变大就代表油温合适了。
16. 炸好的鱿鱼片要赶紧捞出来，要不然马上就会变煳。

“婶子碎碎念”

1. 使用的木薯粉量，需要根据面团的状态灵活调整。

2. 面团刚蒸出来的时候没法切，而且会粘在刀上。面团不能烤得过于干硬，否则不好切也易伤刀刃。

3. 油炸时需要把油烧热到插入木筷油能快速冒气泡的状态。高油温才能让鱿鱼片和虾片快速膨胀，整个舒展开。

4. 南瓜粉和紫薯粉我用了自制的，做法可参考本书第 117 页。

咪咪虾条

咪咪虾条是很多人的童年回忆，但油炸食品毕竟不太健康。这款用烤箱就能做的咪咪虾条，也有虾条的鲜咸口感。只需要用虾粉加点鸡蛋、面粉就可以做了，很适合怀旧的你尝试。

食材和时间

分量 两人份

时间 30分钟

材料

虾皮粉……………………20克
低筋粉……………………55克
玉米油……………………20克
鸡蛋液……………………50克
水…………………………30毫升
细砂糖……………………8克

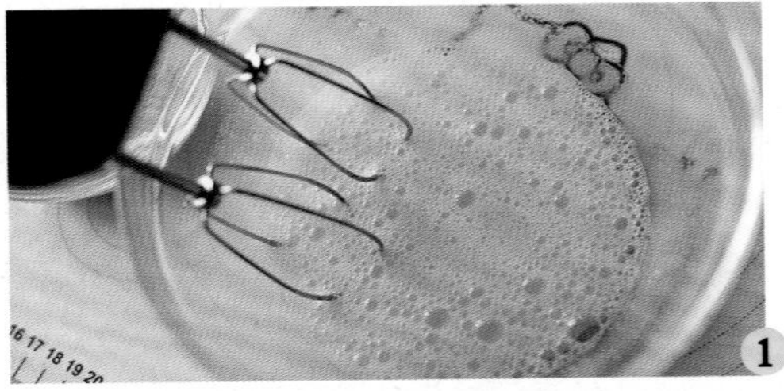

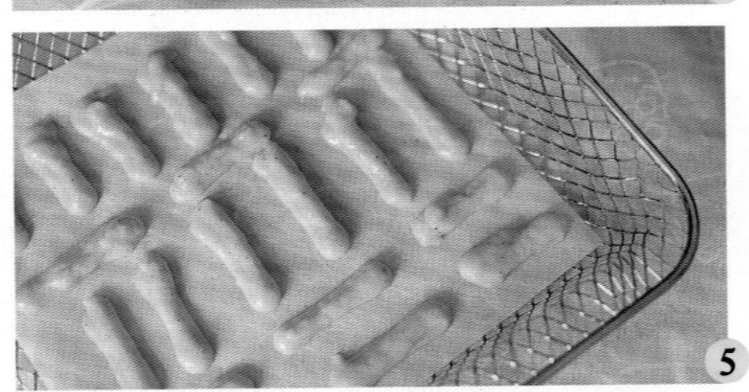

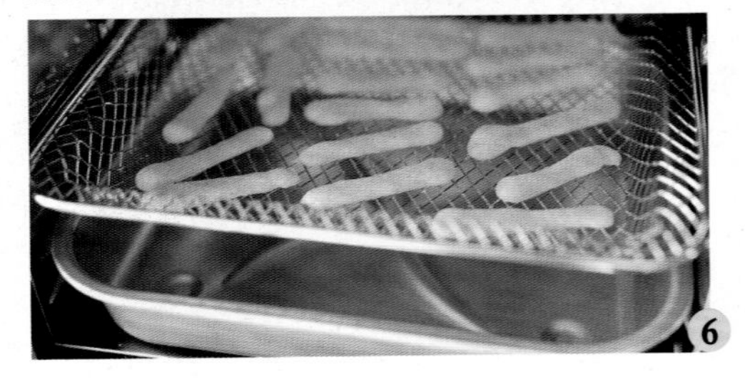

步骤

1. 所有材料都准备好。细砂糖先加到鸡蛋液里，用打蛋器打发均匀，倒入玉米油。再倒入水，用打蛋器打发均匀，要避免水油分离。
2. 筛入低筋粉和虾皮粉。
3. 拌匀成有点黏稠的糊糊。
4. 将面糊倒入到裱花袋中。在裱花袋前面剪开一个口子。
5. 将面糊挤到油纸上，使其呈横条的形状。
6. 放到空气炸锅里，用 170℃烘烤差不多 15 分钟。如果用烤箱，时间就要缩短到 12 ~ 13 分钟。烤好的虾条放凉之后就有外脆里软的口感。

"婶子碎碎念"

1. 这款虾条是通过挤面糊的方式来做的，所以成品烘烤出来是外脆里软的口感。你可以将烘烤的时间再延长几分钟，做出的虾条酥脆度更好。但要注意别烤糊了。

2. 如果想吃那种硬脆版的虾条，可以参考下面的方子：低筋粉 60 克，玉米淀粉 20 克，鸡蛋 1 个（带皮大约 55 克），玉米油 1 汤匙，糖粉 2 克，虾皮粉 4 克，盐 1 克。做法就是将所有材料混合成面团，然后擀成大薄片切细条，以 180℃烘烤 10 分钟左右就可以了。

双色驴打滚

这款裹满了黄豆粉的驴打滚，口感软糯又好吃。学会做法以后，在家就可以经常吃到这道传统的北京小吃了。除了黄豆味的，椰蓉味道的驴打滚也不错。一次卷两条，想吃哪个吃哪个。

食材和时间

分量　两条

时间　40 分钟

材料　自制糯米粉……300 克
水……260 毫升左右
自制熟黄豆粉……30 克
红豆沙馅……150 克
椰蓉……20 克
油……少许

步骤

1. 在糯米粉里倒入水，一边倒一边搅拌，拌成有些黏糊的状态。
2. 两个盘子先抹点油，将刚才拌匀的糯米面糊分成两份放进去，用刮刀尽量按压得薄一些并抹平表面。
3. 送到蒸锅里蒸 20 分钟。用蒸箱的就蒸 22 ~ 25 分钟。
4. 蒸好的糯米面团比较软了。先来做黄豆粉味的。案板上撒一些熟黄豆粉防粘。另一个盘子记得先盖上保鲜膜避免糯米面团风干。
5. 将蒸熟的糯米面团倒扣在熟黄豆粉上，将它的两面都撒上一些粉就可以起到防粘的效果了。
6. 用擀面杖擀成长方片，将一半红豆沙馅儿均匀抹在上面。面片边缘的位置可以留出来一点儿，不抹馅儿。
7. 从底部往上卷起来，一边卷一边压紧，避免散开。
8. 卷到最后，将封口处捏一捏收紧，朝下放置。整个卷再粘一些熟黄豆粉就可以了。

9. 用带锯齿纹的刀或者是特别快的刀，沾点水切成段。因为糯米比较黏，每次切完都是沾一下水再切。
10. 再来做椰蓉味道的。铺保鲜袋或者保鲜膜防粘，将面团倒扣上去，表面再铺上一个保鲜袋。隔着保鲜袋用擀面杖将糯米面团擀成一个长方形的大片。
11. 均匀地涂抹上剩余红豆沙馅儿。将边缘稍微留边，拎起底部的保鲜袋，带着糯米面皮往上卷。
12. 最终卷成一个卷儿就可以了，隔着保鲜袋将卷收紧整理一下。将保鲜袋打开，给糯米卷再黏上一些椰蓉做装饰，就可以切成段吃了。

1. 糯米粉和熟黄豆粉我都用了自制的，做法可以参考本书第 112 页和第 126 页。

2. 自制糯米粉没有外面卖的水磨糯米粉颗粒那么细腻，所以加水搅拌后，做的面团质地看起来会比市售糯米粉做的略微粗糙些，但是蒸熟之后的口感是一样的，吃起来没什么区别。

3. 蒸糯米的盘子一定要抹油，要不然蒸熟后比较难取下。做这个卷的时候，最好等到糯米团变得温热后再开始，此时不会烫手，粘手程度也没有刚蒸好时那么厉害了。但记得放凉时表面一定要盖上保鲜膜防止风干。

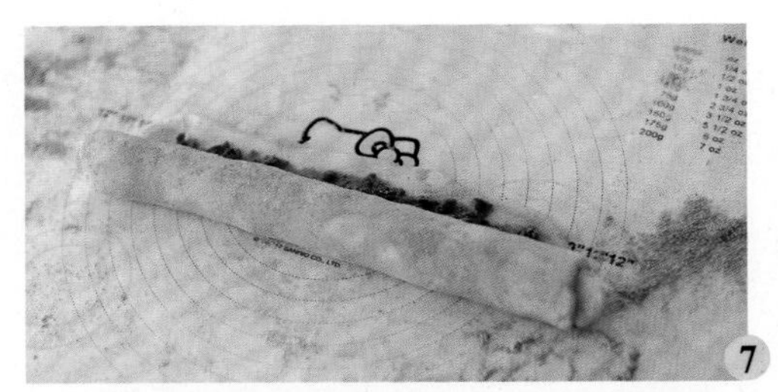

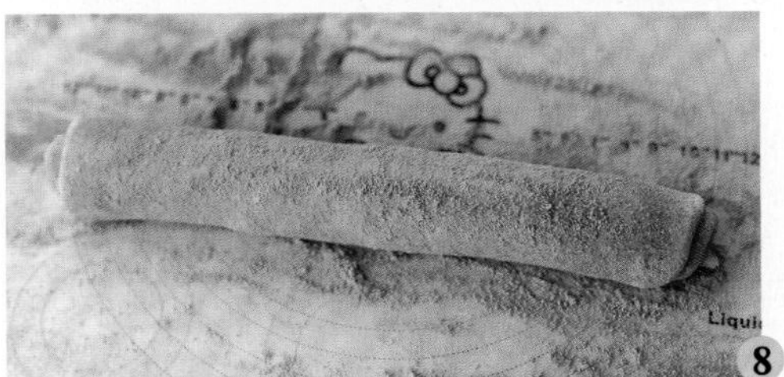

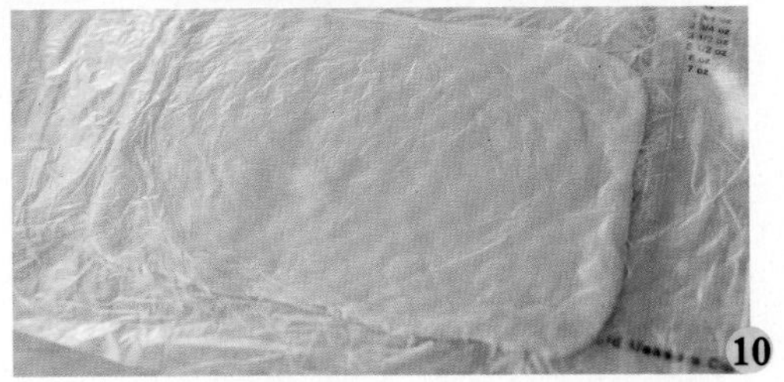

免烤咖啡月饼

这个免烤版的多层口味咖啡月饼对怕麻烦的人来说制作起来很友好。虽然叫月饼，但它却是用煮熟后的大白芸豆炒泥制作而成。白芸豆本身味道比较清淡，营养价值较高。它和其他食材混合后，很适合塑形，可以制作新式月饼等食物。而且和高油、高糖的传统月饼相比，用白芸豆做的这个免烤月饼，无论在营养上还是热量上都要更健康一些。

食材和时间

分量 大约 15 个

时间 1 小时以上（不含浸泡时间）

材料

芸豆泥材料：

干白芸豆........................400 克
清水.................................适量
玉米油..............................90 克
细砂糖............................100 克

咖啡月饼材料：

芸豆泥............................300 克
咖啡粉..............................15 克
可可粉................................6 克

奶香蔓越莓月饼材料：

芸豆泥............................300 克
奶粉..................................15 克
蔓越莓丁...........................15 克

抹茶月饼材料：

芸豆泥............................200 克
抹茶粉.........................4 克左右

步骤

1. 干白芸豆需要提前用水浸泡一晚，皮泡皱后才好完整地剥掉。
2. 将已经去皮的白芸豆放入电饭煲或者压力煲里，加入适量的清水。选择煮饭模式或者压力煲模式煮到软烂。
3. 将煮熟的芸豆过滤出来放到破壁机里，打成细腻无颗粒的状态。
4. 倒入不粘锅中，加入玉米油和细砂糖。
5. 充分搅拌均匀让材料都混合在一起。
6. 不停地翻拌翻炒，芸豆泥的水会越来越少，一直炒到芸豆泥可以抱团的状态就可以了。
7. 炒好的白芸豆泥大约有 800 克，大概分成 300 克、300 克和 200 克三份。
8. 300 克的芸豆泥是要做成咖啡皮的。加入咖啡粉和可可粉，然后充分拌匀，做成一个咖啡色的深色团。

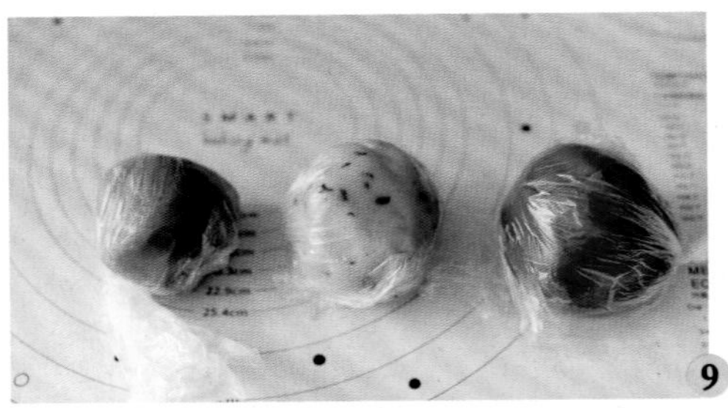
9

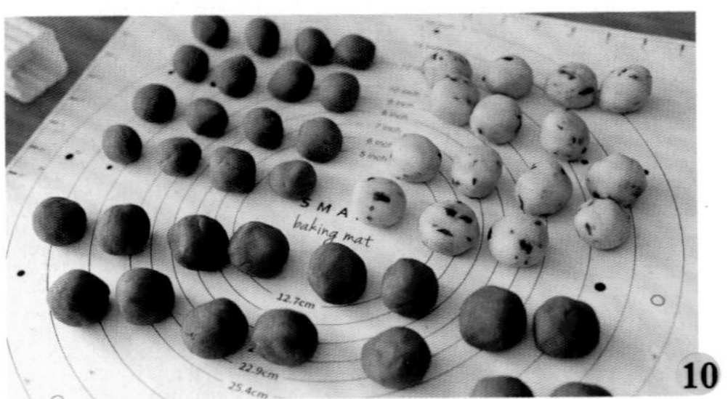
10

11

12

13

9. 300 克芸豆泥做成奶香蔓越莓丁的团。200 克芸豆泥做成抹茶口味的团。三种颜色的芸豆泥团就都做好了。
10. 将芸豆泥团都平均分割成 15 份滚圆。
11. 将抹茶球按扁，尽量做成中间厚边上薄，然后包入一颗奶香蔓越莓球。做成球。
12. 将咖啡球按扁，中间厚边上薄，包入刚才包好的混合球。
13. 在月饼模的花片上略微抹点油（分量外）防粘，放入一个刚才包好的咖啡球进去，将底部压平整，脱模出来即可。

“婶子碎碎念”

1. 白芸豆含有丰富膳食纤维，能增强饱腹感。它高钾低钠，也很适合有动脉硬化、高血脂的患者食用。它还能滋养身体、缓解体虚症状。不过，建议痛风病人在病情发作时少吃或不吃。

2. 配方里的油和糖最好不要减了，这样炒出来的芸豆泥才不会干裂，口感也细腻，方便塑形。如果你不加油炒或者加的油很少，最后炒出来的成品很干燥，还容易干裂碎掉。做好的成品需要密封冷藏保存，不密封第二天表面就容易裂开了。

附录

破壁机制作的果蔬汁功效速查表

果蔬汁一向被誉为大自然的药房，这是因为水果和蔬菜中一般都含有丰富的维生素及钙、铁、钾、镁、钠等多种矿物质。但因为水果和蔬菜所含的营养物质都各有偏重，比如红色水果含番茄红素和铁元素较多，绿色青菜则含有较多的膳食纤维，黄色果蔬含有较多的维生素 C 与胡萝卜素，所以才建议将水果和蔬菜放在一起打成果蔬汁，这样饮用下去营养才更全面。这里提供部分果蔬汁组合，及其功效的信息，供大家参考：

食材	营养功效
番茄+芹菜+苦瓜	降血压，降血糖
胡萝卜+苹果+芹菜	缓解疲劳，增强抵抗力
木瓜+橙子+柠檬	健脾消食，养颜美白
紫甘蓝+苹果+甜椒	调节肠胃，预防感冒
猕猴桃+橙子+柠檬	提神补气，抗皱祛斑
番茄+洋葱+芹菜	软化血管，预防动脉硬化
菠萝+卷心菜+柠檬	防衰老，抗氧化
苹果+番茄+青椒	预防便秘，缓解压力
葡萄+苹果+胡萝卜	补血消暑，润肤美白
黄瓜+葡萄+香蕉	清热去火，增强食欲
南瓜+橙子+苹果	清火解毒，润肺化痰
莲藕+梨	润肺生津，降火利尿
猕猴桃+芹菜+荸荠	清新口气，清热利尿
胡萝卜+橙子+油菜	健胃，清肠，排毒
胡萝卜+草莓+柠檬	美白，养颜，润肤
莲藕+苹果+柠檬	去火，提高机体免疫力
苦瓜+菠萝+柠檬	细嫩皮肤，增强免疫力
苹果+卷心菜+芹菜	减缓胃疼，缓解胃溃疡
番茄+西蓝花+卷心菜	帮助肝脏解毒，消除过多的脂肪
香蕉+火龙果	排除身体毒素，美白肌肤
香蕉+苹果+葡萄	消除疲劳，健脑益智
草莓+柚子+黄瓜	淡化皮肤斑点，清肝养肝
芹菜+葡萄+芦笋	有益肾脏，滋补肝肾

食材	营养功效
苹果+胡萝卜+梨	清热降火，保护心脏
芹菜+海带+黄瓜	防止心血管疾病
香蕉+苹果+橙子	美化肌肤，缓解便秘
草莓+哈密瓜+菠菜	泻火下气，缓解眼部疲劳
胡萝卜+苹果+莴苣	改善发质，净化血液
圣女果+杧果	降低血脂，减肥瘦身
猕猴桃+生菜+卷心菜	改善身体亚健康状态
葡萄+菠萝+杏	帮助消化，预防便秘
洋葱+橙子	清理血管，降低甘油三酯
香蕉+猕猴桃+荸荠	降低胆固醇，有助减肥
菠菜+苦瓜+西蓝花	降糖，预防糖尿病
猕猴桃 +桑葚+芹菜	益气补血，延缓衰老

以上组合中，食材配比基本为 1 ： 1 即可，也可按照你的口味灵活调整。像杧果、柠檬、葡萄、杏这类带有硬核的果蔬，均需去掉果核再放入破壁机搅打。外有不可食用果皮的，也要去皮后搅打。菠菜含有草酸，需要先用沸水烫过后再打。海带也不合适生吃，煮熟后再打成果蔬汁。

破壁机制作的豆浆、米糊功效速查表

《黄帝内经》说，五谷以为养，失豆则不良。该句意思就是五谷是非常有营养的，但还是要搭配豆类一起食用。现代营养学也证明每天坚持食用适量的杂粮，人体就会增加免疫力，降低患病的概率。用破壁机制作的豆浆、米糊、五谷汁都细腻无渣，方便我们摄入五谷和豆类中的营养。这里提供部分豆浆、米糊的组合，及其功效的信息，供大家参考：

食材	营养功效
黄豆+桂圆+红枣	补气养血，补心安神
黄豆+百合+莲子	润肺清肺，止咳化痰
绿豆+黄豆+枸杞	清肝明目，养肝护肝
山药+黄豆+红枣	补气活血，缓解痛经
燕麦+黄豆+玉米	降糖降压，减肥消脂
小米+黄豆+玉米糁	排毒抗癌，增强免疫力
黄豆+绿豆+红枣	清热健脾，益气补血

食材	营养功效
黄豆+花生+核桃	抗老化，增强记忆力
薏米+黄豆+玫瑰花+百合	改善睡眠，提亮肤色
薏米+莲子+黄豆	降低疲劳，增强体力
海带+黄豆+绿豆	抗电脑辐射，缓解疲劳
黄豆+枸杞+核桃仁	益智补脑，延缓衰老
山药+桂圆+黄豆	强肾固精，滋养脾胃
菊花+枸杞+黄豆	缓解眼部疲劳，清肝明目
黑豆+木耳+黄豆	滋阴补肾，养胃益气
糯米+甜杏仁+黄豆	补肾润肺，健脾强身
荞麦+山楂干+黄豆	降低血脂，软化血管
豌豆+薏米+黄豆	增强肠胃蠕动，缓解便秘
银耳+甜杏仁+黄豆	促进血液循环，细腻皮肤
黑豆+黑米+黑芝麻	滋阴补肾，乌发养发
黑豆+燕麦+糙米	活血降压，降低胆固醇
黑豆+赤小豆+绿豆	补肾经，缓解体虚乏力
黑豆+糯米+红枣	驱寒暖身，益气补血
黑米+大米+核桃	镇咳润肺，补益中气
赤小豆+百合+大米	促进脂肪分解，有益减肥
赤小豆+荞麦+薏米	促进胰岛素的分泌，降血糖
赤小豆+绿豆+薏米	清热解毒，祛除湿气
糙米+荞麦+花生	降低胆固醇，促进血液循环
燕麦米+糙米+莲子+枸杞	宁神补血，增强心脏活力
燕麦+大米+红薯	保持血管弹性，养护心血管
大米+薏米+黑芝麻+核桃仁	抗衰老，养护肠胃促消化

以上组合中，食材均按照 1 ∶ 1 的比例放入即可，也可按照你的喜好灵活调整配比。为了更好地出浆，豆类建议提前泡发后再搅打，杂粮类建议浸泡后再放入，这样也会让成品口感更加细腻。像红枣、莲子这类带有果核或苦芯的，需要去掉后放入。桂圆这类带有外壳的要剥皮放入。薏米有祛湿效果，但需要提前用锅或烤箱加热到微微变黄后再放入破壁机搅打。

破壁机制作的养生粉功效速查表

将五谷杂粮配以相应的食材，彻底烘熟后，用破壁机打磨成细腻的粉末，就得到了各种健康养生粉。这种养生粉因为食材都已经被完全打碎了，用热水冲调后即可食用，更易被人体消化吸收，再加上磨成粉后携带方便，也很受职场人士的喜欢。养生粉中含有丰富的膳食纤维，也可为人体补充各种维生素及矿物质等营养素。这里分享部分五谷养生粉，及其功效的信息，供大家参考：

食材	营养功效
酸枣仁+莲子+山药+黑芝麻+茯苓	宁心安神，改善失眠
葛根+山药+黑芝麻+燕麦米+糙米	促进消化，润肠通便
黑豆+核桃+黑芝麻+枸杞+茯苓	生发乌发，滋肾养阴
薏米+赤小豆+红枣+芡实	消除水肿，祛身体湿气
茯苓+核桃+黑芝麻+白果+葛根	可改善高血压、高血脂、高血糖症状
黄豆+荞麦+葛根+黑米+核桃仁+黑芝麻	健脑益智，养护心脑血管
枸杞+红枣+莲子+绿豆+山药	养护肝脏，增强肝功能
山药+葛根+红枣+黑芝麻+芡实	调理内心泌，滋补肾阴
燕麦米+核桃+黄豆+山药+红枣	营养均衡，可做代餐粉食用
芡实+山药+红枣+黑豆+花生	补钙健体，预防骨质疏松
山药+燕麦米+茯苓+葛根+黑芝麻+黑豆	平稳血糖，健脾益气
薏米+枸杞+山楂+葛根+黑豆+黑芝麻	降血脂，助消化，利减肥

制作养生粉的所有材料，都必须烘熟至完全干燥，否则打成粉后会结块。以上组合中，食材也是按照 1 ∶ 1 的比例搭配即可，但像酸枣仁、茯苓、葛根、白果、芡实这类可入药的食材，也可以比其他食材分量少一些。磨好粉后需密封在常温处储藏，每天取两勺，先用温水调匀，再冲泡热水饮用。